GUIZHOU ROUNIU XIANDAIHUA
SHENGCHAN JISHU BIAOZHUN TIXI

贵州肉牛现代化生产技术标准体系

张明均　杨　丰◎主编

中国农业科学技术出版社

图书在版编目（CIP）数据

贵州肉牛现代化生产技术标准体系 / 张明均，杨丰主编. -- 北京：中国农业科学技术出版社，2024. 6.

ISBN 978-7-5116-6892-9

Ⅰ. F326.33

中国国家版本馆 CIP 数据核字第 2024PS1910 号

责任编辑 李 华
责任校对 李向荣
责任印制 姜义伟 王思文

出 版 者 中国农业科学技术出版社
北京市中关村南大街 12 号 邮编：100081
电　　话 （010）82109708（编辑室） （010）82106624（发行部）
（010）82109709（读者服务部）
网　　址 https: // castp.caas.cn
经 销 者 各地新华书店
印 刷 者 北京建宏印刷有限公司
开　　本 185 mm × 260 mm 1/16
印　　张 18.75 彩插 4 面
字　　数 413 千字
版　　次 2024 年 6 月第 1 版 2024 年 6 月第 1 次印刷
定　　价 108.00 元

《贵州肉牛现代化生产技术标准体系》

编写人员

主　编　张明均　杨　丰

副主编　左相兵　刘　镜　王　松

参　编　丁磊磊　王应芬　龙忠富　申　李　任明晋
向程举　徐龙鑫　李　波　翁吉梅　何光中
刘霜云　张正群　张明婧　张　涛　杨廷韬
杨通帅　犹　文　周　迪　何　娜　李　俊
郑英华　袁　超　何　玲　杨　云　唐文汉
潘荣明　邱家陵　何仕荣　李　晨　周定勇

主要编写单位

贵州省牛羊产业发展工作专班

贵州省畜禽遗传资源管理站

贵州省草地技术试验推广站

贵州省草业研究所

贵州省畜牧兽医研究所

贵州省肉牛现代农业产业技术体系

贵州大学

贵州省畜牧兽医学会

前言

标准是世界通用的技术语言，是科技成果、技术创新、知识产权转化为生产力的重要桥梁和纽带，在推动现代产业融合发展中发挥着重要的支撑作用。编制《贵州肉牛现代化生产技术标准体系》，以科技创新推动产业融合发展，大力发展新质生产力，加强质量支撑和标准引领，进一步发挥贵州肉牛产业助推农民增收、巩固拓展脱贫攻坚成果、有效衔接乡村振兴的重要作用。

贵州省山川秀丽、生态良好，独特的地形地貌和气候特征孕育出关岭牛、思南牛、威宁黄牛、黎平牛和务川黑牛5个贵州肉牛本地优良品种，分别列入《中国畜禽品种志》《中国畜禽遗传资源志》《中国牛品种志》《贵州地方畜禽遗传资源志》。近年来，在贵州省委、省政府的高度重视和高位推动下，贵州肉牛产业发展迅速，产业规模不断壮大，产业链条不断延伸，标准化水平不断提高、集聚效应不断增强，品牌影响不断提升，带农增收助推脱贫成效显著。在标准体系建设上，贵州肉牛产业搭建了以高原山地动物遗传育种与繁殖教育部重点实验室、科技部科技成果转移转化平台和国家牛肉加工技术研发分中心为技术支持依托的科研平台，组建了以南志标、谯仕彦等院士为核心的专家团队，制定以养殖圈舍建设、育种、育肥、饲草料、疫病防控和安全生产等为关键环节的贵州肉牛系列标准，围绕贵州肉牛产业全产业链科技攻关，先后获省部级科技奖100余项，授权专利200余项，发布贵州肉牛系列标准51项、贵州肉牛养殖技术指导丛书200余套，为编制《贵州肉牛现代化生产技术标准体系》奠定了基础。

本书共收集37项标准，其中，新制定贵州省地方标准10项，引用贵州省地方标准27项，内容涵盖贵州肉牛全产业，按不同产业环节划分为基础综合类标准7项、环境与设施类标准1项、养殖生产类标准19项、精深加工类标准5项、检验检测类标准4项、流通销售类标准1项。新制定的10项贵州肉牛地方标准，代表了贵州肉牛产业发展水平，是多年贵州肉牛生产技术研究成果的精髓，也是对标准化肉牛生产模式的总结和提升。

本书是基于加快推进贵州肉牛全产业链标准化、规模化、现代化发展进程，立足于贵州省气候环境特点、肉牛产业资源条件编制而成，适用于贵州省及与贵州省类似的地区肉牛生产。本书的出版，不仅为提高贵州肉牛品质、规范贵州肉牛市场秩序奠定了基础，也为相关专业技术人员提供了重要参考文献，更为贵州肉牛产业注入新的活力，为行业的可持续、高质量发展提供有力支撑。然而，由于水平有限，缺乏编制标准经验，以及标准体系涉及产地环境、养殖、屠宰加工、流通、销售等多个领域，专业跨度大等原因，差错和疏漏在所难免，恳请各位读者指正。

编　者

2024年5月

目　录

ICS 65.020.30
B 43

DB52

贵　州　省　地　方　标　准

DB52/T 1301—2018

关岭牛

Guanling cattle

2018-08-13 发布　　2019-02-13 实施

贵州省质量技术监督局　　发布

前　言

本标准按照GB/T 1.1—2009《标准化工作导则　第1部分：标准的结构和编写》、GB/T 20000—2014《标准化工作指南》、GB/T 20001—2015《标准编写规则》给出的规则起草。

请注意本文件的某些内容可能涉及专利，本文件的发布机构不承担识别这些专利的责任。

本标准由贵州省农业委员会提出并归口。

本标准起草单位：贵州省畜禽遗传资源管理站、贵州大学高原山地动物遗传育种与繁殖教育部重点实验室、贵州省动物疫病预防控制中心、贵州省畜牧兽医研究所、安顺市畜牧技术推广站、贵州省种畜禽种质测定中心。

本标准主要起草人：李波、陈祥、孙鹏、杨忠诚、何光忠、宋汝谋、冯文武、李智健、龚俞、李俊、陈伟、欧仁、何娜、刘玉祥。

本标准中规定的品种标准、等级标准为关岭牛进行品种鉴定和种牛等级评定提供了技术依据。

本标准附录A及附录B为规范性附录，附录C及附录D为资料性附录。

关岭牛

1　范围

本标准规定了关岭牛的品种特征特性、生产性能、种牛等级评定。

本标准适用于关岭牛的品种鉴定、选育、种牛等级评定、科研及生产等。

2　规范性引用文件

下列文件对于本文件的应用是必不可少的。凡是注明日期的引用文件，仅所注日期的版本适用于本文件。凡是不注日期的引用文件，其最新版本（包括所有修改单）适用于本文件。

GB 4143　牛冷冻精液

NY/T 2660　肉牛生产性能测定技术规范

3　术语和定义

下列术语和定义适用于本文件。

3.1

关岭牛

关岭牛主要分布于贵州省西南部关岭、镇宁、紫云、西秀、水城、盘州、兴仁、贞丰等19个县（区），因中心产区在关岭县，故按历史习惯统称“关岭牛”。属肉役兼用品种，善爬山，适应复杂的气候条件和陡坡梯田的耕作和劳役。

3.2

屠宰率

牛屠宰后去皮、头、尾、内脏（不包括肾脏和胴体脂肪）、腕跗关节以下的四肢、生殖器官，称为胴体。胴体重占屠宰前绝食24h后的活体重的百分率为屠宰率。

3.3

净肉率

胴体剔骨后全部肉重（包括肾脏和胴体脂肪）占屠宰前绝食24h后的活体重的百分率为净肉率。

3.4

眼肌面积

第12～13肋骨间背最长肌的横断面面积。

3.5

大理石纹

肌肉中有许多层脂肪分隔，像大理石纹。

3.6

短期育肥

选购架子牛或阉牛经过3个月的育肥饲养。

3.7

挽力

牛耕地、拉车或拉农具时能够使出的力量。

4 体型外貌

关岭牛前躯略大于或等于后躯，胸较深而略窄，尻部倾斜，呈长方形。毛色大多以黄色为主，少数有褐色或黑色，眼圈、唇周围、下腹及四肢内侧毛色一般较淡。头中等大小，额宽平，鼻镜宽大，口方平齐。角短，角形多“萝卜角”或“鹰爪角”，有的角基部能摇动，故有“响铃角”之称。颈稍短，垂皮发达。公牛肩峰发达，一般高出背线8~10cm，峰型可分为高峰型和肉峰型，母牛肩峰平缓。胸较深而略显窄，背腰平直欠宽大。荐部较宽，尻部多倾斜。四肢筋腱明显，系部强壮，蹄质坚实。前肢正直，后肢略呈外弧。尾根较高，尾细长，尾帚过飞节。

关岭牛公牛、母牛外貌特征参见附录D。

5 生产性能

5.1 生长性能

5.1.1 关岭牛测定方法按照NY/T 2660进行测定，初生重公犊平均18.3kg，母犊平均17.5kg；在中等饲养条件下，6月龄公牛体重95kg以上，母牛体重87kg以上；12月龄公牛体重160kg以上，母牛体重145kg以上；48月龄公牛体重385kg以上，母牛体重310kg以上。

5.1.2 公、母牛各年龄段体尺下限值见附录B表B.3。

5.2 肉用性能

5.2.1 24月龄以上公牛、阉牛经过短期育肥后，屠宰率不低于56%，净肉率不低于46%，眼肌面积公牛82cm^2、母牛68cm^2；皮薄骨细，肉质细嫩。

5.2.2 哺乳期日增重：公犊0.40~0.45kg，母犊0.35~0.40kg；24月龄经过短期育肥后平均日增重为公牛0.8~1.0kg，母牛0.7~0.9kg。

5.3 繁殖性能

5.3.1 公牛20月龄开始调教，24月龄正式采精，精液品质符合GB 4143要求。公牛可利用年限8~12年。

5.3.2　母牛常年发情，多以春、秋季为主，初配月龄为18～24月龄；发情周期平均21d，发情持续期平均27h，妊娠期平均285d，一般3年产2胎，少数1年1胎，终身产犊6～7头。

5.4　产乳性能

一般日产乳3～4kg，泌乳期为6个月，泌乳量600kg以上。

5.5　役用性能

1.5～2岁调教使役，3～10岁役力最强。善于水田、旱地耕作，体重在250～400kg的成年公牛，最大挽力达233kg；体重在200～350kg的成年母牛，最大挽力达201kg；体重在300～500kg的阉牛，最大挽力达278kg。

6　种牛等级鉴定

6.1　外貌鉴定

6.1.1　凡外貌特征不符合第4条规定者，种公牛不予鉴定，母牛不予良种登记，对基本符合表现特征的，可根据表现程度，适当扣分。

6.1.2　凡颜面（鼻梁部分）有少量黑毛，或腹下有少量白毛者，在品种特征一项中应适当扣分，公牛总评时不能进入特级。

6.1.3　凡有狭胸、靠膝、交突、跛行、凹背、凹腰、拱背、拱腰、垂腹、尖尻等缺陷表现严重者，不再评定等级。

6.1.4　按附录B表B.1关岭牛外貌评分表评出总分。

6.2　体重鉴定

6.2.1　体重测定，有条件应进行实际称重（早晨饲喂前空腹称重），取2次称重的平均值，体重等级评定按附录B表B.4评定。

6.2.2　在无条件对牛进行实际称重时，可按附录A中A.2进行估算。

6.3　综合评定

6.3.1　种牛等级评定。应由5个及以上有经验的专业人员进行评定，根据外貌、体尺和体重指标，按附录B表B.5评定。

6.3.2　进行综合评定时。24月龄前应参考其父、母等级，如父、母双方总评等级均高于本身总评等级两级可将总评等级提升一级；反之，如父、母双方总评等级低于本身总评等级两级，可将总评等级降低一级，24月龄后按自身评定等级。

7　良种登记

良种登记的种牛应符合下列条件：

a）系谱档案清楚；

b）综合评定等级为特级、一级；

c）种牛应健康无病，繁殖力正常；

d）父、母等级在一级以上（包括一级）。

附录A
（规范性附录）
体尺、体重测定方法与要求

A.1 体尺测量

A.1.1 测量用具

测量体高及体斜长用测杖，测量胸围用皮尺，测量前，测量用具应用钢尺加以校正。

A.1.2 牛体姿势

测量体尺时，应使牛只端正地站在平坦、坚实的地面上，前后肢和左右肢分别在一直线上，头部自然前伸（头顶部与鬐甲接近水平）。

A.1.3 测量部位

a）体高：鬐甲最高点到地面的垂直距离；

b）体斜长：从肩端前缘到坐骨结节后缘的直线距离；

c）胸围：由肩胛骨后缘垂直处量取胸部的周径。松紧度以能放进两个指头上下滑动为宜。

A.2 体重测定

有条件时，应进行实际称重（早饲前空腹称重）；若无条件进行实际称重，估测时可暂采用式（A.1）进行估算：

$$T = \frac{X^2 C}{10\,800} \quad (A.1)$$

式中：

T——体重，单位为千克（kg）；

X——胸围，单位为厘米（cm）；

C——体斜长，单位为厘米（cm）。

式（A.1）适用于12月龄以上关岭牛体重估测，实际测算时，可根据牛只膘情对估测值做6%上下浮动。

附录B
（规范性附录）
关岭牛等级评定

表B.1　关岭牛外貌评分

单位：分

项目		满分标准	公牛		母牛	
			满分	评分	满分	评分
外形特征		品种特征明显，全身被毛黄色、褐色或黑色，皮薄富有弹性，毛细光亮，公牛有雄性，母牛俊秀	13		13	
整体结构		体型丰厚紧凑，结构匀称、发育良好，体质结实，体躯呈长方形，头型良好，额宽口方，眼大有神	15		15	
头与颈	头	头中等大小，额宽平，鼻镜宽大，口方平齐，角短，“萝卜角”或“鹰爪角”	3		3	
	颈	公牛颈粗壮，母牛颈长适中	2		2	
前躯	鬐甲	鬐甲较宽，公牛肩峰发达，母牛肩峰平缓	6		6	
	胸	胸深胸宽适中	10		10	
中躯	背腰	背腰平直，宽广适中，结构良好	15		13	
	肋骨	肋圆不外露	4		4	
后躯	尻尾	长、宽、平，肌肉较丰满	10		10	
	腿	后腿较粗大，肌肉发达，大腿肌肉充实	6		6	
	生殖器	公牛睾丸两侧对称，发育正常；母牛乳房发育良好，乳头整齐	6		8	
四肢	肢势	四肢强健有力，肢势良好	5		5	
	蹄	肢蹄端正，蹄质结实，蹄大，蹄圆缝紧	5		5	
合计			100		100	

表B.2　外貌等级

单位：分

等级	公牛	母牛
特级	85以上	80以上
一级	80 ~ 84.9	75 ~ 79.9
二级	75 ~ 79.9	70 ~ 74.9

表B.3 关岭牛体尺

单位：cm

月龄	性别	公牛				母牛			
	等级	体高	体斜长	胸围	管围	体高	体斜长	胸围	管围
12	特级	≥97	≥105	≥117	≥14	≥96	≥100	≥113	≥13
	一级	≥94	≥102	≥114	≥13	≥94	≥97	≥111	≥12
	二级	≥92	≥98	≥101	≥12	≥91	≥95	≥108	≥11
18	特级	≥100	≥115	≥141	≥15	≥100	≥113	≥138	≥14
	一级	≥98	≥112	≥136	≥14	≥98	≥110	≥134	≥13
	二级	≥96	≥108	≥133	≥13	≥96	≥107	≥130	≥12
24	特级	≥108	≥122	≥146	≥16	≥105	≥118	≥143	≥15
	一级	≥104	≥118	≥141	≥15	≥103	≥115	≥139	≥14
	二级	≥102	≥115	≥138	≥14	≥101	≥112	≥136	≥13
36	特级	≥113	≥130	≥155	≥17	≥110	≥123	≥152	≥16
	一级	≥111	≥125	≥152	≥16	≥108	≥121	≥148	≥15
	二级	≥109	≥122	≥147	≥15	≥106	≥119	≥145	≥14
48	特级	≥122	≥140	≥172	≥19	≥115	≥128	≥163	≥17
	一级	≥118	≥135	≥167	≥18	≥112	≥126	≥160	≥16
	二级	≥115	≥131	≥162	≥17	≥110	≥124	≥157	≥15

注：体高、体长、胸围、管围体尺等级评定，按每一等级的最低一项指标至上一等级指标之间数值，作为本级等级评定的指标数。

表B.4 关岭牛体重等级评定

单位：kg

性别		公牛			母牛		
等级		特	一	二	特	一	二
年龄	12月龄	≥185	≥170	≥160			
	18月龄	≥230	≥210	≥190	≥190	≥180	≥170
	24月龄	≥290	≥260	≥230	≥235	≥215	≥195
	36月龄	≥370	≥340	≥310	≥300	≥270	≥240
	48月龄	≥430	≥405	≥385	≥350	≥330	≥310

表B.5　关岭牛种牛等级综合评定

总评等级	单项等级			总评等级	单项等级		
特	特	特	特	二	特	二	二
特	特	特	一	一	一	一	一
一	特	特	二	一	一	一	二
一	特	一	一	二	一	二	二
一	特	一	二	二	二	二	二

附录C
（资料性附录）
关岭牛良种登记表

编号：

<table>
<tr><td colspan="2">种牛所属单位名称</td><td colspan="3"></td><td>地址</td><td colspan="2"></td></tr>
<tr><td colspan="2">牛号或牛名</td><td></td><td>性别</td><td></td><td>出生日期</td><td colspan="2">年　月　日</td></tr>
<tr><td rowspan="4">血统等级</td><td colspan="3" rowspan="2">牛号：
综合等级：</td><td>父</td><td>牛号：</td><td colspan="2">等级：</td></tr>
<tr><td>母</td><td>牛号：</td><td colspan="2">等级：</td></tr>
<tr><td colspan="3" rowspan="2">牛号：
综合等级：</td><td>父</td><td>牛号：</td><td colspan="2">等级：</td></tr>
<tr><td>母</td><td>牛号：</td><td colspan="2">等级：</td></tr>
<tr><td rowspan="3">本身等级</td><td colspan="7">外貌评分：　　　主要优缺点：</td></tr>
<tr><td colspan="7">体重（kg）</td></tr>
<tr><td colspan="7">综合评定等级：　　　　　　　　登记或鉴定日期：　　　年　月　日</td></tr>
<tr><td colspan="8">________月龄照片</td></tr>
<tr><td colspan="8">种牛照片</td></tr>
<tr><td>登记单位</td><td colspan="3"></td><td>登记或鉴定人员</td><td colspan="3">年　月　日</td></tr>
</table>

附录D
（资料性附录）
关岭公牛、母牛、牛犊、牛群照片

图D.1　公牛

图D.2　母牛

图D.3　牛犊

图D.4　牛群

ICS 65.020.30
B 43

DB52

贵　州　省　地　方　标　准

DB52/T 1414—2019

思南牛

Sinan cattle

2019-07-15 发布　　2020-01-15 实施

贵州省市场监督管理局　发布

前　言

本标准按照GB/T 1.1—2009《标准化工作导则　第1部分：标准的结构和编写》、GB/T 20000—2014《标准化工作指南》、GB/T 20001—2015《标准编写规则》给出的规则起草。

请注意本文件的某些内容可能涉及专利，本文件的发布机构不承担识别这些专利的责任。

本标准由贵州省农业农村厅提出并归口。

本标准起草单位：贵州省畜禽遗传资源管理站、贵州省兽药饲料监察所、贵州省畜牧兽医研究所、铜仁市畜牧技术推广站、思南县畜牧技术推广站。

本标准主要起草人：龚俞、张芸、焦仁刚、李波、杨红文、李雪松、刘镜、刘青、张立、樊莹、李维、张游宇、毛同辉、熊文康、刘和、王华、何娜、唐明艳、侯芳、徐伟。

本标准附录A为资料性附录。

思南牛

1　范围

本标准规定了思南牛的产地及分布、品种特征、体型外貌、体尺与体重、生产性能、等级评定、鉴定规则及种牛出场要求。

本标准适用于思南牛品种鉴定、选育、繁殖和等级评定。

2　规范性引用文件

下列文件对于本文件的应用是必不可少的。凡是注明日期的引用文件，仅注日期的版本适用于本文件。凡是不注日期的引用文件，其最新版本（包括所有修改单）适用于本文件。

NY/T 2660　肉牛生产性能测定技术规范

3　产地及分布

思南牛中心产区在思南县，主要分布于贵州省内的江口、石阡、沿河、碧江、印江、松桃、玉屏、万山、播州、绥阳、湄潭、凤冈、余庆、瓮安等21县（区）。

4　品种特征

思南牛是经过长期自然选择和人工选育而培育出来的一个优良的肉役兼用型地方品种，具抗病力强、耐粗饲、繁殖力强、产肉性能良好、肉质鲜嫩、优质板皮等优良特性。

5　体型外貌

5.1　被毛

思南牛全身被毛为贴身短毛，颜色多为黄色，褐色、草白色次之，少数为黑色，亦有少量黄白花。

5.2　头部

头长中等，面部平整，轮廓清晰。公牛额宽，角短，紧凑，角基粗扁，角尖较尖，角形多样，多为弯“八”字向内向前微弯；母牛头清秀，脸面较长，角短，角基圆细，角尖钝圆，向前向上微弯。

5.3 颈部

公牛颈粗短，有肩峰（一般高出背线6～8cm），垂皮不发达。母牛颈较细长，垂皮不发达。

5.4 体躯部

体躯细致紧凑，胸较宽，斜尻。公牛肩峰隆起，中躯较短，背腰平直，腹圆中等不下垂。母牛肩部肌肉不发达，肋骨呈弓形开张；背腰平直不宽阔。尾长粗细适中，尾尖细毛长达飞节以下。

5.5 四肢

四肢细长，骨骼细致结实。前肢紧凑，肌肉较发达，后肢肌肉欠丰满，球节明显。尻部较长，微斜。蹄形端正，多见黑蹄，蹄质坚韧，蹄壳结实。

6 体尺与体重

5岁思南牛体尺、体重见表1，测定方法按照NY/T 2660进行测定。

表1 体尺、体重

性别	体高（cm）	体斜长（cm）	胸围（cm）	管围（cm）	体重（kg）
公牛	122.4 ± 4.7	132.6 ± 7.1	166.9 ± 8.2	17.3 ± 1.2	343.5 ± 45.5
母牛	112.4 ± 5.0	122.8 ± 6.6	154.0 ± 8.7	15.3 ± 0.8	272.2 ± 42.2

7 生产性能

7.1 肉用性能

7.1.1 产肉性能

在自然饲养条件下（长年放牧，不补饲）进行屠宰测定结果见表2。

表2 屠宰产肉性能

宰前活重（kg）	胴体重（kg）	屠宰率（%）	净肉重（kg）	净肉率（%）	皮厚（cm）	大腿肌厚（cm）	背脂肪厚（cm）	肉骨比	眼肌面积（cm）
288.9 ± 36.2	153.1 ± 18.3	53.6 ± 1.7	127.7 ± 16.3	44.2 ± 1.1	0.3 ± 0.1	21.8 ± 2.6	0.3 ± 0.2	5.4 ± 0.3	80.7 ± 12.4

7.1.2 肌肉主要化学成分

肌肉主要化学成分测定结果见表3。

表3　肌肉主要化学成分

营养成分	样品1	样品2	样品3	样品4	样品5	平均值	标准差
水分（%）	72.8	70.7	74.	69.4	68.1	71.0	2.5
蛋白质（%）	23.2	23.1	23.0	22.5	22.5	22.9	0.3
灰分（%）	1.1	0.9	1.0	1.0	1.0	1.0	0.1
脂肪（%）	2.8	5.1	1.7	8.4	8.4	4.9	2.7
钙（%）	0.07	0.06	0.06	0.05	0.05	0.06	0.01
磷（%）	0.15	0.23	0.26	0.24	0.24	0.21	0.05
能量（kJ/kg）	6 631	7 507	6 133	8 649	8 647	7 404	1 031

7.2　繁殖性能

性成熟较早，公牛为（14.0 ± 1.2）月龄、母牛为（18.8 ± 1.5）月龄，发情周期18 ~ 22d，发情持续期6 ~ 36h，妊娠期平均为287d。母牛繁殖率达73.33%，产犊间隔（16.55 ± 7.79）月，终身产犊6 ~ 7头，犊牛断奶成活率为94.66%。

7.3　役用性能

思南牛公牛、阉牛、母牛日犁田分别为1.30 ~ 1.65亩、1.25 ~ 1.55亩、1.00 ~ 1.37亩。耕犁秋收后的黄黏壤板田（耕深、耕宽为17 ~ 21.5cm）的役力情况，公牛、阉牛和母牛最大挽力分别为270.85kg、245.5kg和208.57kg。

8　等级评定

8.1　外貌鉴定

8.1.1　评分标准

外貌鉴定评分见表4。

表4　外貌鉴定

项目		评分标准	公牛		母牛	
			满分	评分	满分	评分
第一项	外貌特征	品种特征明显、体格高大、体质结实、行动灵敏、皮薄毛细、公牛雄壮、母牛温驯	20		15	
第二项	整体结构	体型紧凑，结构匀称、体躯宽深、发育良好	15		15	

（续表）

项目		评分标准	公牛		母牛	
			满分	评分	满分	评分
第三项	头与颈	公牛头宽短，母牛头清秀；口方、眼大有神；公牛颈粗短，母牛颈长短适中，头颈结合良好	5		5	
第四项	前躯	公牛鬐甲高而宽，肩峰高大隆起；母牛鬐甲平而宽，肩长而斜，胸宽深	15		10	
第五项	中躯	背腰平直宽广，长短适中，结合良好，肋骨弓圆；公牛腹部呈圆桶形，母牛腹大而不下垂	10		15	
第六项	后躯	尻宽长，不过斜，肌肉丰满；大腿肌肉充实。公牛睾丸对称，发育正常；母牛乳房发育良好，奶头整齐、长短粗细适中	20		25	
第七项	四肢	四肢细长，骨骼细致结实。前肢紧凑，肌肉较发达，后肢肌肉欠丰满，球节明显。尻部较长，微斜。蹄形端正，多见黑蹄，蹄质坚韧，蹄壳结实	15		15	
合计			100		100	

8.1.2 外貌等级评定

外貌等级评定见表5。

表5 外貌等级

单位：分

等级	公牛	母牛
特级	85以上	80以上
一级	80～84	75～79
二级	75～79	70～74
三级	70～74	65～69

8.2 体尺

体尺等级见表6。

表6 体尺等级评定

单位：cm

年龄	等级	公牛			母牛		
		体高	体斜长	胸围	体高	体斜长	胸围
1岁	特	≥95	≥103	≥129	≥92	≥100	≥120
	一	≥93	≥101	≥126	≥91	≥98	≥118
	二	≥91	≥99	≥124	≥90	≥96	≥115
	三	≥90	≥97	≥122	≥88	≥94	≥113
1.5岁	特	≥114	≥120	≥147	≥105	≥115	≥141
	一	≥111	≥106	≥143	≥102	≥112	≥137
	二	≥109	≥104	≥139	≥101	≥108	≥134
	三	≥105	≥102	≥135	≥98	≥105	≥130
2岁	特	≥118	≥124	≥154	≥110	≥122	≥151
	一	≥116	≥122	≥152	≥108	≥120	≥149
	二	≥114	≥120	≥150	≥106	≥118	≥146
	三	≥112	≥118	≥148	≥104	≥115	≥142
3岁	特	≥120	≥135	≥170	≥114	≥125	≥160
	一	≥119	≥133	≥168	≥112	≥123	≥158
	二	≥117	≥131	≥165	≥111	≥121	≥156
	三	≥115	≥128	≥163	≥109	≥119	≥155
4岁	特	≥123	≥137	≥172	≥115	≥126	≥162
	一	≥121	≥136	≥170	≥114	≥125	≥160
	二	≥122	≥122	≥122	≥122	≥122	≥122
	三	≥122	≥122	≥122	≥122	≥122	≥122
5岁	特	≥125	≥139	≥174	≥117	≥128	≥163
	一	≥122	≥137	≥172	≥115	≥126	≥161
	二	≥120	≥135	≥169	≥113	≥124	≥159
	三	≥118	≥131	≥165	≥110	≥121	≥157

注：体尺评定等级按最低一项定级。

8.3 体重

体重等级评定见表7。

表7 体重评定

单位：kg

性别		公牛				母牛			
等级		特	一	二	三	特	一	二	三
年龄	1岁	≥150	≥140	≥125	≥110	≥145	≥130	≥120	≥112
	1.5岁	≥180	≥170	≥160	≥150	≥170	≥162	≥155	≥140
	2岁	≥250	≥235	≥220	≥200	≥220	≥205	≥195	≥180
	3岁	≥315	≥310	≥305	≥285	≥280	≥255	≥225	≥215
	4岁	≥360	≥340	≥310	≥290	≥290	≥270	≥250	≥230
	5岁	≥380	≥365	≥340	≥300	≥315	≥305	≥290	≥270

8.4 等级综合评定

等级综合评定见表8。

表8 等级综合评定

总评等级	单项等级（外貌、体尺、体重）			总评等级	单项等级（外貌、体尺、体重）		
特	特	特	特	一	一	一	一
特	特	特	一	一	一	一	二
一	特	特	二	二	一	一	三
二	特	特	三	二	一	二	二
一	特	一	一	二	一	二	三
一	特	一	二	三	一	三	三
二	特	一	三	二	二	二	二
二	特	二	二	二	二	二	三
二	特	二	三	三	二	三	三
三	特	三	三	三	三	三	三

9 鉴定规则

9.1 思南牛的鉴定应在县级以上畜牧兽医行政主管部门的领导下，组成鉴定小组进行鉴定。

9.2 来源和血缘清楚，系谱档案齐全。

9.3 生殖器官发育正常，公畜无单睾、隐睾、脐疝等遗传缺陷；母畜无瞎乳头，有效乳头数2对，排列整齐。

9.4 四肢健壮。

9.5 体型外貌符合本品种特征。凡品种特征不合规定者，不予鉴定。

9.6 凡具有狭胸、靠膝、跛行、凹背、凹腰、拱腰、尖尻、立系、卧系等缺陷而表现严重者，母牛只能评为二级以下（包括二级），公牛只能评为三级以下（包括三级）。

9.7 根据外貌、体尺、体重三项进行综合评定，并参考其父、母等级。

9.8 思南牛在1.5岁、3岁和5岁共鉴定三次，5岁以后不再鉴定，但可根据其后代的质量调整其等级。1岁以内根据外貌、体尺、体重三项进行初步选育。

10 种牛出场标准

出场种牛应符合思南黄牛外貌特征，并符合下列要求：

a）年龄2周岁以上；

b）综合评定等级：

  1）公牛二级以上；

  2）母牛三级以上。

c）健康无病；

d）持有县级以上畜牧行政主管部门出具的种畜合格证。

附录A
（资料性附录）

图A.1　思南牛（公牛）

图A.2　思南牛（母牛）

ICS 65.020.30
B 44

DB52

贵 州 省 地 方 标 准

DB52/T 1245—2017

威宁黄牛

Weining beef

2017-12-08 发布 2018-03-01 实施

贵州省质量技术监督局 发 布

前 言

本标准按照GB/T 1.1—2009《标准化工作导则 第1部分：标准的结构和编写》给出的规则起草。

请注意本文件的某些内容可能涉及专利，本文件的发布机构不承担识别这些专利的责任。

本标准由毕节市畜牧水产局提出。

本标准由贵州省农业委员会归口。

本标准起草单位：毕节市畜禽遗传资源管理站、贵州省畜禽遗传资源管理站、威宁县畜禽品种改良站、威宁县畜牧事业局、赫章县畜禽品种改良站、毕节市液氮站。

本标准起草人：向程举、蒋会梅、杨忠诚、张芸、易鸣、舒畅、张义玲、刘章忠、张贵强、程朝友、袁军、张守文、帅亮洪、曾静、杨远青、周艳、吴学树、路烜、沈杰、仇弦、付正仙、杨丹。

威宁黄牛

1 范围

本标准规定了威宁黄牛的产地与分布、品种特性、体形外貌、体尺和体重、生产性能、等级评定。

本标准适用于威宁黄牛的品种鉴别及等级评定。

2 规范性引用文件

下列文件对于本文件的应用是必不可少的。凡是注日期的引用文件，仅所注日期的版本适用于本文件。凡是不注日期的引用文件，其最新版本（包括所有的修改单）适用于本文件。

NY/T 2660　肉牛生产性能测定技术规范

3 产地与分布

威宁黄牛中心产区在贵州西部高寒山区的威宁县，分布于赫章、七星关、纳雍、大方、黔西、金沙、织金等县（区）。

4 品种特性

威宁黄牛属小型肉役兼用型品种，具有耐粗养、耐寒、善于爬坡、易育肥、皮薄、骨细、产肉性能较高和肉质良好等特性。

5 体型外貌

威宁黄牛被毛以黄色居多，黄褐色、黑色次之，间有少量黄白花；头稍长，额平直，鼻镜宽，口方正；角短，角形不一，多为“萝卜角”或“鹰爪角”；颈短，垂皮不甚发达；公牛鬐甲较高，母牛平直；胸深，背腰平直，腰部饱满，尻稍倾斜而略高；四肢较细但结实，前肢端正，后肢多狭蹄和前踏，蹄质坚硬；尾着生较高，长过飞节。

6 体尺和体重

成年牛体尺和体重见表1。体重测定方法见附录A。

表1　成年牛体尺和体重

项目	公牛	母牛
体重（kg）	229.5 ~ 315.4	207.8 ~ 278.3
体斜长（cm）	103.5 ~ 126.0	102.4 ~ 117.6
体高（cm）	104.3 ~ 123.7	102.8 ~ 118.1
胸围（cm）	141.8 ~ 170.8	138.5 ~ 159.6
管围（cm）	14.6 ~ 16.3	13.1 ~ 14.8

7　生产性能

7.1　生长速度

生长速度见表2。

表2　生长速度

项目	公牛	母牛
初生重（kg）	12.6 ~ 15.6	10.8 ~ 14.2
12月龄重（kg）	100.6 ~ 153.6	91.8 ~ 141.1
24月龄重（kg）	163.9 ~ 237.2	150.6 ~ 209.5
36月龄重（kg）	216.2 ~ 299.2	193.8 ~ 264.0

7.2　繁殖性能

繁殖性能见表3。

表3　繁殖性能

项目	公牛	母牛
性成熟（月龄）	12 ~ 14	10 ~ 12
初配年龄（月龄）	21 ~ 23	23 ~ 25
使用年限（年）	4 ~ 5	10 ~ 12
发情周期（d）	19 ~ 23	
发情持续期（h）	15 ~ 30	
妊娠期（d）	277 ~ 284	
犊牛哺乳期（月）	5 ~ 7	

7.3 屠宰性能

屠宰性能见表4。

表4 屠宰性能

项目	公牛	母牛
屠宰率（%）	53.9 ~ 55.0	54.3 ~ 55.3
净肉率（%）	43.2 ~ 45.4	43.8 ~ 45.9
眼肌面积（m^2）	51.1 ~ 67.3	51.7 ~ 68.3

8 等级标准

8.1 评定时间

种牛分别于12月龄、24月龄和36月龄进行等级评定。

8.2 等级划分

根据体重、体尺、外貌三项指标，将种牛划分为一级、二级、三级共三个等级。

8.3 评定标准

8.3.1 体重

体重等级评定标准见表5。

表5 体重等级评定

年龄（月龄）	公牛（kg）			母牛（kg）		
	一级	二级	三级	一级	二级	三级
12	≥140.4	113.9 ~ 140.3	100.6 ~ 113.8	≥128.8	104.1 ~ 128.7	91.8 ~ 104.0
24	≥218.9	182.2 ~ 218.8	163.9 ~ 182.1	≥194.8	165.3 ~ 194.7	150.6 ~ 165.2
36	≥278.4	237.0 ~ 278.3	216.3 ~ 236.9	≥246.4	211.3 ~ 246.3	193.8 ~ 211.2

8.3.2 体尺

8.3.2.1 体尺等级评定标准

体斜长、体高、胸围三项体尺等级评定标准见表6。

表6 体尺等级评定

年龄（月龄）	等级	公牛（cm）			母牛（cm）		
		体斜长	体高	胸围	体斜长	体高	胸围
12	一级	≥96.2	≥97.0	≥132.0	≥92.0	≥94.9	≥124.7
	二级	84.6～96.1	87.6～96.9	117.4～131.9	83.4～91.9	86.1～94.8	114.3～124.6
	三级	78.8～84.5	82.9～87.5	110.1～117.3	79.1～83.3	81.7～86.0	109.1～114.2
24	一级	≥108.2	≥109.6	≥146.6	≥104.0	≥103.5	≥140.3
	二级	99.0～108.1	101.8～109.5	138.0～146.5	95.5～103.9	97.1～103.4	132.6～140.2
	三级	94.4～98.9	97.9～101.7	133.7～137.9	91.2～95.4	93.9～97.0	128.8～132.5
36	一级	≥117.2	≥118.8	≥163.9	≥113.7	≥113.4	≥154.5
	二级	107.8～117.1	110.0～118.7	152.5～163.8	106.1～113.6	108.0～113.3	114.5～154.4
	三级	103.1～107.7	105.6～109.9	146.8～152.4	102.3～106.0	105.3～107.9	139.5～144.4

8.3.2.2 体尺综合评定

按体斜长、体高、胸围三项体尺中最低一项定级。

8.3.3 外貌鉴定

8.3.3.1 外貌评分标准

外貌评分标准见表7和表8。

表7 公牛外貌评分

项目	给满分条件	满分	评分
品种特征	品种特征明显，全身被毛呈黄色、黄褐色、黑色，皮薄富有弹性，毛细光亮，有雄性	15	
整体结构	体躯长而深，宽度适中，结构匀称，体质结实，头宽短，口方正，眼大有神，颈粗短	15	
前躯	胸深，宽度适中，肩长而斜，鬐甲较高	15	
中躯	背腰平直，长适中，结合良好，腰部饱满，肋骨弓圆，腹部呈圆筒形	15	
后躯	尻宽而长，肌肉发达，大腿肌肉充实，睾丸两侧对称，发育正常	30	
肢蹄	肢蹄端正结实，肢势良好，蹄形正，蹄质结实，蹄大致密	10	
合计		100	

表8 母牛外貌评分

项目	给满分条件	满分	评分
品种特征	品种特征明显，全身被毛呈黄色、黄褐色、黑色，皮薄富有弹性，毛细光亮	15	
整体结构	体躯长而深，宽度适中，结构匀称，体质结实，头型良好，额宽口方，眼大有神，颈长短适中	15	
前躯	胸深，宽度适中，肩长而斜，鬐甲平	15	
中躯	背腰平直，长适中，结合良好，腰部饱满，肋骨弓圆，腹大而不下垂	15	
后躯	尻宽而长，肌肉发达，大腿肌肉充实，乳房大小适中、发育良好，乳头大小适中、整齐，无瞎乳头	30	
肢蹄	肢蹄端正结实，肢势良好，蹄形正，蹄质结实，蹄大致密	10	
合计		100	

8.3.3.2 外貌等级评定标准

根据8.3.3.1评定的分数，按等级评定标准评定外貌等级（表9）。

表9 外貌等级评定

等级	公牛（分）	母牛（分）
一	80.0以上	75.0以上
二	75.0 ~ 79.9	70.0 ~ 74.9
三	70.0 ~ 74.9	65.0 ~ 69.9

8.4 等级综合评定

综合评定方法是对体尺和外貌限定一个最低标准之后，以体重为主进行综合评定（表10）。

表10 等级综合评定

体重	体尺	外貌	综合评定
一级	一级	一级	一级
二级	二级以上	二级以上	二级
三级	三级以上	三级以上	三级

附录A
（资料性附录）
体重测定方法

有条件时，进行实际称重（早饲前空腹称重）；无条件时，测量体斜长和胸围（测量方法遵循NY/T 2660规定），采用以下公式进行估算：

$$T = \frac{X^2 C}{10\ 800} \tag{A.1}$$

式中：

T——体重，单位为千克（kg）；

X——胸围，单位为厘米（cm）；

C——体斜长，单位为厘米（cm）。

注：此公式适用于12月龄以上威宁黄牛体重估测。

ICS 65.020.30
CCS B 43

DB52

贵州省地方标准

DB52/T 1644—2021

务川黑牛

Wuchuan black cattle

2021-12-08 发布　　2022-03-01 实施

贵州省市场监督管理局　发布

前　言

本文件按照GB/T 1.1—2020《标准化工作导则　第1部分：标准化文件的结构和起草规则》的规定起草。

本文件由贵州省农业农村厅提出并归口。

本文件起草单位：贵州省畜禽遗传资源管理站、贵州大学高原山地动物遗传育种与繁殖教育部重点实验室、遵义市畜牧渔业站、凤冈县农业农村局、贵州省种畜禽种质测定中心、贵州省畜牧兽医研究所、务川自治县农业农村局、遵义市红花岗区农业农村局、正安县瑞濠街道办农村农业发展服务中心、遵义市职业技术学院。

本文件主要起草人：李波、陈祥、徐建忠、时颖、梁正文、龚俞、张勇、张芸、温贵兰、许厚强、冯文武、袁兴武、杨蓉、王鑫、密国辉、樊莹、肖礼华、马啸天、何娜、李智健、曾琼、龙飞、宋培勇、李光全。

务川黑牛

1　范围

本文件规定了务川黑牛术语和定义、产地分布、品种特征特性、生产性能、种牛等级评定、良种登记等。

本文件适用于务川黑牛的品种鉴定、选育、种牛等级评定等。

2　规范性引用文件

下列文件中的内容通过文中规范性引用而构成本文件必不可少的条款。其中，注日期的引用文件，仅该日期对应的版本适用于本文件。不注日期的引用文件，其最新版本（包括所有的修改单）适用于本文件。

GB 4143　牛冷冻精液

GB/T 31582　牛性控冷冻精液

NY/T 2660　肉牛生产性能测定技术规范

3　术语和定义

下列术语和定义适用于本文件。

3.1

务川黑牛

主要产于务川仡佬族自治县，被毛黑色细短、皮肤呈黑灰色的地方牛种。

3.2

屠宰率

胴体重占屠宰前绝食24h后活体重的百分率。胴体为牛屠宰后去皮、头、尾、内脏（不包括肾脏和腹壁脂肪）、腕跗关节以下的四肢、生殖器官。

3.3

净肉率

胴体剔骨后全部肉重（包括肾脏和胴体脂肪）占屠宰前绝食24h后活体重的百分率。

3.4

眼肌面积

第12～13肋骨间背最长肌横断面面积。

3.5

挽力

牛耕地、拉车或拉农具时能够使出的力量。

4 产地分布

主产于务川仡佬族自治县，分布于近邻的凤冈、道真、绥阳、遵义、正安和德江等县。

5 品种特征特性

5.1 品种特征

属役肉兼用型地方品种，具有遗传性能稳定、早熟耐粗饲、性情温顺易管理、爬坡力强、抗病力强、抗寒抗湿、适应性强、产肉性能较好、肉质鲜美细嫩等特点。

5.2 外貌特征

5.2.1 被毛：全身毛色为黑色、细短，皮肤呈黑灰色。

5.2.2 头部：头中等大小，公牛比母牛头稍大；额中等宽而平，公牛以“萝卜角”、母牛以“挑担角”为主，眼睑颜色为粉色。

5.2.3 颈部：公牛颈粗短，头颈、颈躯结合良好，肩峰明显；母牛颈较薄、细长，肩峰不明显，垂皮不发达，皱褶少。

5.2.4 体躯：细致紧凑，公牛肩峰丰满、中躯较短，结实紧凑；背腰平直，背长适中，结构紧凑，腹圆大不下垂。母牛鬐甲不明显，肩部肌肉欠发达，肋骨开张，呈弓形，背腰平直而不宽阔，长短适中，结合良好，腹圆不下垂，尻部较短，略倾斜；尾粗细适中，尾长达飞节以下，大尾帚。

5.2.5 四肢：前肢直，肌肉较发达，后肢向前弯，肌肉欠丰满，关节结实，四肢粗壮端正，四蹄黑色，肢蹄肌肉发育匀称适中；公牛后躯较差，阉牛后躯丰满，母牛后躯发育良好。

5.2.6 务川黑牛公牛、母牛外貌特征参见附录D。

6 生产性能

6.1 生长性能

6.1.1 测定方法按照NY/T 2660进行测定，其生长性能见表1。

表1　务川黑牛生长性能

畜别	初生重（kg）	哺乳期日增重（g）	断奶重（kg）	犊牛断奶成活率（%）	12月龄重（kg）	48月龄重（kg）
公牛	15.9 ± 0.6	320.9 ± 16.2	96.1 ± 5.4	96.8	150 ± 31.6	285 ± 47.6
母牛	12.6 ± 0.8	309.9 ± 14.9	83.1 ± 2.3		121 ± 26.3	252 ± 38.3

6.1.2　公、母牛各年龄段体尺评分参见附录B中表B.2，体尺、体重测定方法与要求参见附录A。

6.2　肉用性能

在自然常规饲养条件下，肉牛性能见表2。

表2　务川黑牛肉牛性能

宰前活重（kg）	屠宰率（%）	净肉率（%）	眼肌面积（m^2）	骨肉比
324.0 ± 37.8	51.3 ± 1.5	41.9 ± 1.1	66.5 ± 8.7	（1∶5.2）± 0.3

6.3　繁殖性能

6.3.1　公牛性成熟年龄平均为18月龄，2岁可开始配种（或采精），冷冻精液品质符合GB 4143要求，性控冻精生产符合GB/T 31582要求。5～10岁配种能力最强，以后逐渐减弱；可利用年限9～13年，其繁殖性能见表3。

表3　务川黑牛公牛繁殖性能

性成熟年龄（月龄）	初配年龄或采精（月龄）	配种能力最强（岁）	利用年限（年）
17.7 ± 1.2	23.0 ± 1.6	5～10	9～13

6.3.2　可采用人工授精或本交进行繁殖。母牛常年发情，以春、秋季节为主，母牛初情期一般在2岁，初配年龄2～2.5岁，母牛一般三年产犊两胎，少数一年一胎，繁殖年限为10～15年，繁殖率为70%～90%。终身产犊8～10头，其繁殖性能见表4。

表4　务川黑牛母牛繁殖性能

性成熟（月龄）	初配年龄（月龄）	发情周期（d）	妊娠期（d）
18.8 ± 1.5	25.8 ± 1.8	20.7 ± 1.5	286.9 ± 2.1

6.4　役用性能

役用种类主要有犁、耙、挽车，其耕作力和爬坡力强。2岁开始调教，3岁开始使役，使役年限10年。劳役后经20min休息，生理指标接近役前水平。

7　种牛等级评定

7.1　评定年龄

在6月龄可根据外貌进行初步鉴定，公牛、母牛外貌、体重、体尺及综合评定时间在12月龄以上，48月龄以下。

7.2　外貌评定

7.2.1　凡外貌特征不符合第5条规定者，不予鉴定；对基本符合表现特征的，可根据表现程度，适当扣分。

7.2.2　凡有狭胸、靠膝、交突、跛行、凹背、凹腰、拱背、拱腰、垂腹、尖尻等缺陷表现严重者，不再评定等级。

7.2.3　按附录B中表B.1评分，表B.2评定外貌等级。

7.3　体尺评定

体尺等级按附录B中表B.3对体高、体长、胸围等指标等级进行评定，按每一等级的最低1项指标至上一等级指标之间的数值，作为本级等级评定的指标数。

7.4　体重评定

7.4.1　有条件应进行实际称重（早晨饲喂前空腹称重），取2次称重的平均值，体重等级评定按附录B中表B.4评定。

7.4.2　在无条件对牛进行实际称重时，可按附录A中A.2进行估算后，按附录B中表B.4评定。

7.5　综合评定

7.5.1　种牛等级评定。应由5个及以上有经验的专业人员进行评定，根据外貌、体尺和体重指标，按附录B中表B.5评定。

7.5.2　24月龄前应参考其父、母等级，如父、母双方总评等级均高于本身总评等级两级，可将总评等级提升一级；反之，如父、母双方总评等级低于本身总评等级两级，可将总评等级降低一级，24月龄后不参考父、母等级，按自身评定等级。

8　良种登记

良种综合评定后应符合下列条件，方能进行良种登记，良种登记可参见附录C。

a）系谱档案清楚。

b）综合评定等级为特级、一级。

c）种牛应健康无病，繁殖力正常。

d）父、母等级在一级以上（包括一级）。

附录A
（规范性）
体尺、体重测定方法与要求

A.1　体尺测量

A.1.1　测量用具：测量体高及体斜长用测杖，测量胸围用皮尺，测量前，测量用具应用钢尺加以校正。

A.1.2　牛体姿势：测量体尺时，应使牛只端正地站在平坦、坚实的地面上，前后肢和左右肢分别在一直线上，头部自然前伸（头顶部与鬐甲接近水平）。

A.1.3　测量部位。

a）体高：鬐甲最高点到地面的垂直距离。

b）体斜长：从肩端前缘到坐骨结节后缘的直线距离。

c）胸围：由肩胛骨后缘垂直处量取胸部的周径。松紧度以能放进两个指头上下滑动为宜。

d）管围：左前管（腕前骨）上1/3下端（最细处）周长。

A.2　体重测定

称重有条件时，应进行实际称重（早饲前空腹称重）；若无条件进行实际称重，估测时可暂采用式（A.1）进行估算：

$$T=\frac{X^2C}{10\,800} \qquad (A.1)$$

式中：

T——体重，单位为千克（kg）；

X——胸围，单位为厘米（cm）；

C——体斜长，单位为厘米（cm）。

式（A.1）适用于12月龄以上务川黑牛体重估测，实际测算时，可根据牛只膘情对估测值做5%上下浮动。

附录B
（规范性）
务川黑牛等级评定表

B.1 务川黑牛外貌评定

见表B.1、表B.2。

表B.1 务川黑牛外貌评分

单位：分

项目		评分标准	公牛		母牛	
			满分	评分	满分	评分
外形特征		品种特征明显，全身毛色为黑色、细短，皮肤呈黑灰色	12		12	
整体结构		体型丰厚紧凑，结构匀称、发育良好，头中等大小，肌肉丰满，公牛头宽粗重、颈短，肩峰突出；母牛头型清秀、颈长短适中，四肢健壮结实	16		16	
头与颈	头	头中等大小，额中等宽而平，耳壳薄、耳端尖、大而直立，公牛以“萝卜角”、母牛以“挑担角”为主，眼睑颜色为粉色	5		5	
	颈	公牛颈粗短，头颈、颈躯结合良好，垂皮欠发达，肩峰明显；母牛颈较薄，细长，肩峰不明显，垂皮不发达皱褶少	2		2	
前躯	鬐甲	公牛肩峰丰满、中等偏高；母牛鬐甲不明显，肩部肌肉欠发达	6		6	
	胸	公牛腹部呈圆筒形，母牛腹大而不下垂	8		8	
中躯	背腰	公牛背腰平直，背长适中，结构紧凑；背腰平直而不宽阔，长短适中，结合良好	15		13	
	肋骨	肋圆不外露	4		4	
后躯	尻尾	尻部较短，稍微倾斜；尾粗细适中，尾长达飞节以下，大尾帚	10		10	
	腿	前肢直，肌肉较发达，后肢向前弯如镰刀，肌肉较丰满	6		6	
	生殖器	公牛睾丸大小适中而对称，发育良好；母牛乳房呈球形，发育良好，乳头长度适中，排列对称	6		8	
四肢	肢势	四肢健壮结实，肢势端正，肌肉发育匀称适中，运步稳健	5		5	
	蹄	蹄形端正，坚实致密，蹄壁光滑，蹄缝紧，四肢强健有力，四蹄黑色，肢蹄肌肉发育匀称适中，运步敏捷有力	5		5	
合计			100		100	

表B.2　外貌等级

单位：分

等级	公牛	母牛
特级	85以上	80以上
一级	80 ~ 84.9	75 ~ 79.9
二级	75 ~ 79.9	70 ~ 74.9

B.2　务川黑牛体尺等级评定

见表B.3。

表B.3　务川黑牛体尺等级评分

单位：cm

月龄	性别									
	公牛					母牛				
	等级	体高	体斜长	胸围	管围	等级	体高	体斜长	胸围	管围
12	特级≥85分	≥104	≥112	≥126	≥19	特级≥80分	≥97	≥111	≥117	≥18
	一级≥80分	≥101	≥109	≥120	≥18	一级≥75分	≥94	≥106	≥112	≥17
	二级≥75分	≥98	≥107	≥115	≥17	二级≥70分	≥91	≥102	≥108	≥17
24	特级≥85分	≥114	≥125	≥145	≥20	特级≥80分	≥107	≥122	≥136	≥19
	一级≥80分	≥111	≥122	≥140	≥19	一级≥75分	≥104	≥119	≥130	≥18
	二级≥75分	≥109	≥119	≥135	≥18	二级≥70分	≥102	≥117	≥125	≥17
36	特级≥85分	≥124	≥140	≥165	≥21	特级≥80分	≥115	≥136	≥145	≥20
	一级≥80分	≥121	≥135	≥159	≥20	一级≥75分	≥111	≥131	≥140	≥19
	二级≥75分	≥118	≥131	≥154	≥19	二级≥70分	≥109	≥127	≥135	≥18
48	特级≥85分	≥131	≥150	≥180	≥22	特级≥80分	≥120	≥142	≥170	≥21
	一级≥80分	≥127	≥145	≥171	≥21	一级≥75分	≥117	≥137	≥163	≥20
	二级≥75分	≥123	≥141	≥163	≥20	二级≥70分	≥114	≥133	≥158	≥19

注：体高、体长、胸围、管围体尺等级评定，按每一等级的最低1项指标至上一等级指标之间的数值，作为本级等级评定的指标数。

B.3 务川黑牛体重等级评定

见表B.4。

表B.4 务川黑牛体重等级评定

单位：kg

性别		公牛			母牛		
等级		特级≥85分	一级≥80分	二级≥75分	特级≥80分	一级≥75分	二级≥70分
年龄	12月龄	≥165	≥145	≥126	≥130	≥115	≥101
	24月龄	≥250	≥217	≥187	≥210	≥183	≥158
	36月龄	≥400	≥359	≥323	≥300	≥272	≥247
	48月龄	≥450	≥394	≥344	≥380	≥337	≥298

B.4 综合等级评定

B.4.1 务川黑牛综合评定指数根据外貌、体尺和体重三项指标，按B.4.4综合评定指数（I）方法进行评定。

B.4.2 务川黑牛体尺、外貌、体重指标等级和分数转换标准见表B.5。

表B.5 务川黑牛外貌、体尺、体重指标等级和分数转换标准

等级	特级	一级	二级
公牛	≥85	≥80	≥75
母牛	≥80	≥75	≥70

B.4.3 外貌、体尺、体重三项性状指标，依其重要性进行加权，其加权系数b_i为：外貌（b_1）=0.3；体尺（b_2）=0.3；体重（b_3）=0.4。

B.4.4 综合等级评定按外貌、体尺、体重三项指标来综合评定，综合评定指数（I）的计算式为：

$$I=0.3W_1+0.3W_2+0.4W_3 \tag{B.1}$$

式中：

W_1——外貌评分；

W_2——体尺评分；

W_3——体重评分。

附录C
（资料性）
务川黑牛良种登记表

表C.1　务川黑牛良种登记

种牛号：________

<table>
<tr><td rowspan="2">种牛所属单位信息</td><td colspan="2">单位名称</td><td colspan="4"></td><td>联系人</td><td colspan="2"></td></tr>
<tr><td colspan="2">地址</td><td colspan="4"></td><td>电话</td><td colspan="2"></td></tr>
<tr><td rowspan="4">系谱信息等级</td><td rowspan="2">父</td><td colspan="2" rowspan="2">牛号：</td><td colspan="2" rowspan="2">等级：</td><td>父</td><td>牛号：</td><td colspan="2">等级：</td></tr>
<tr><td>母</td><td>牛号：</td><td colspan="2">等级：</td></tr>
<tr><td rowspan="2">母</td><td colspan="2" rowspan="2">牛号：</td><td colspan="2" rowspan="2">等级：</td><td>父</td><td>牛号：</td><td colspan="2">等级：</td></tr>
<tr><td>母</td><td>牛号：</td><td colspan="2">等级：</td></tr>
<tr><td rowspan="6">种牛信息等级</td><td>畜别</td><td></td><td>出生时间</td><td colspan="3"></td><td>初生重（kg）</td><td colspan="2"></td></tr>
<tr><td colspan="2">出生或来源地</td><td colspan="8"></td></tr>
<tr><td>外貌</td><td colspan="7">外形外貌特点：</td><td colspan="2">评分：</td></tr>
<tr><td colspan="5">体重（kg）</td><td colspan="5">评分：</td></tr>
<tr><td colspan="5">体尺（cm）</td><td colspan="5">评分：</td></tr>
<tr><td colspan="5">________月龄综合评定等级：</td><td colspan="5">登记或评定日期：　　年　月　日</td></tr>
<tr><td colspan="11">________月龄照片</td></tr>
<tr><td colspan="11"></td></tr>
<tr><td colspan="2">登记单位</td><td colspan="3"></td><td colspan="2">登记或评定人员</td><td colspan="4">年　月　日</td></tr>
</table>

附录D
（资料性）
务川黑牛公牛、母牛照片

图D.1　公牛

图D.2　母牛

ICS 65.020.30
B 43

DB52

贵 州 省 地 方 标 准

DB52/T 1413—2019

黎平牛

Liping cattle

2019-07-15 发布 2020-01-15 实施

贵州省市场监督管理局 发布

前　言

本标准按照GB/T 1.1—2009《标准化工作导则　第1部分：标准的结构和编写》、GB/T 20000—2014《标准化工作指南》、GB/T 20001—2015《标准编写规则》给出的规则起草。

请注意本文件的某些内容可能涉及专利，本文件的发布机构不承担识别这些专利的责任。

本标准由贵州省农业农村厅提出并归口。

本标准起草单位：贵州省畜禽遗传资源管理站、贵州省兽药饲料监察所、贵州省畜牧兽医研究所、黔东南州畜牧技术推广站、黎平县畜禽品种改良站等单位联合起草。

本标准主要起草人：焦仁刚、龚俞、张芸、李波、陈敏、杨红文、李雪松、刘镜、刘青、张立、樊莹、李维、张游宇、杨秀钦、杨秀台、潘先汉、唐明艳、刘霜云、盘祖香。

本标准附录A为资料性附录。

黎平牛

1　范围

本标准规定了黎平牛的产地及分布、品种特征、体型外貌、体尺与体重、生产性能、等级评定、鉴定规则及种牛出场标准等要求。

本标准适用于黎平牛品种鉴定、选育、繁殖和等级评定。

2　规范性引用文件

下列文件对于本文件的应用是必不可少的。凡是注日期的引用文件，仅所注日期的版本适用于本文件。凡是不注日期的引用文件，其最新版本（包括所有修改单）适用于本文件。

NY/T 2660　肉牛生产性能测定技术规范

3　产地及分布

黎平牛的中心产区位于黎平县，主要分布于黔东南州的榕江、从江、锦屏、三穗、天柱和黄平县及周边地区。

4　品种特征

黎平牛属小型品种，耐粗饲、肉质细嫩、性情温顺、繁殖能力强。

5　体型外貌

5.1　被毛

全身被毛为贴身短毛，颜色多为黄色或黑色，褐色次之，亦有少量黑白花和黄白花。

5.2　头部

头中等大小，公牛宽短，母牛清秀；公牛角粗大，呈倒“八”字，母牛角短细，向前两侧弯曲，多为黑褐色。眼睑、鼻镜皮肤呈黑色或粉色。

5.3　颈部

公牛颈粗短，垂皮欠发达；母牛颈较薄，细长。

5.4　体躯部

公牛体躯细致紧凑，有肩峰（一般高出背线5 ~ 7cm）。中躯较短，胸宽深，背腰平直。母牛鬐甲低平，肩部肌肉欠发达，腹圆大而充实，尻部较短，稍微倾斜。尾粗细适中，尾长达飞节以下，小尾帚。

5.5 四肢

公牛前肢直，肌肉较发达，四肢结实，四蹄黑色、黑褐色或灰色，母牛四肢短小，后躯发育良好，尻部较宽而丰满，略有倾斜。

6 体重与体尺

5岁牛体重、体尺见表1，测定方法按照NY/T 2660进行测定。

表1 体尺、体重

性别	体重（kg）	体高（cm）	体斜长（cm）	胸围（cm）	管围（cm）
公牛	304.0 ± 70.0	112.3 ± 6.2	130.4 ± 9.0	160.7 ± 8.8	15.9 ± 0.9
母牛	233.1 ± 38.5	104.6 ± 4.6	119.7 ± 7.3	145.68 ± 8.1	14.0 ± 1.1

7 生产性能

7.1 肉用性能

7.1.1 产肉性能

在自然饲养条件下，按照屠宰要求对5岁公牛进行屠宰分割，测定结果见表2。

表2 屠宰测定

宰前活重（kg）	胴体重（kg）	屠宰率（%）	净肉重（kg）	净肉率（%）	皮厚（cm）	大腿肌厚（cm）	背脂肪厚（cm）	肉骨比（%）	眼肌面积（cm）
283.1 ± 18.5	147.5 ± 18.4	52.1 ± 3.6	126.9 ± 13.1	42.8 ± 2.4	0.3 ± 0.04	20.8 ± 1.2	0.25 ± 0.05	5.7 ± 0.7	52.1 ± 5.6

7.1.2 肌肉主要化学成分

肌肉主要化学成分测定结果见表3。

表3 肌肉主要化学成分

营养成分	样品1	样品2	样品3	样品4	样品5	平均值	标准差
水分（%）	72.7	73.4	74.3	71.0	67.0	71.7	2.9
蛋白质（%）	22.2	23.7	23.7	24.2	22.0	23.1	0.9
灰分（%）	1.0	1.1	1.2	0.9	1.0	1.1	0.1
脂肪（%）	3.9	1.7	1.1	3.7	9.9	4.1	3.5

（续表）

营养成分	样品1	样品2	样品3	样品4	样品5	平均值	标准差
钙（%）	0.07	0.07	0.06	0.06	0.06	0.06	0.01
磷（%）	0.23	0.20	0.25	0.21	0.12	0.20	0.05
能量（kJ/kg）	6 832	6 300	5 979	7 214	9 163	7 098	1 249

7.2　繁殖性能

黎平牛一般3年产2犊，少数一年一胎，终身产犊6～7头，繁殖性能见表4。

表4　繁殖性能

性别	性成熟年龄（月龄）	初配年龄（月龄）	发情周期（d）	妊娠期（d）	犊牛初生重（kg）	犊牛断奶重（kg）	哺乳期日增重（g）
公牛	12.0 ± 1.2	16.0 ± 1.6	—	—	12.7 ± 1.4	93.17 ± 5.4	365.5 ± 17.9
母牛	15.7 ± 1.0	22.8 ± 1.8	18.0 ± 1.4	278.0 ± 6.5	11.9 ± 1.4	91.72 ± 7.1	362.2 ± 19.6

7.3　役用性能

公牛、阉牛和母牛日犁田分别为1.26～1.58亩、1.20～1.50亩、1.00～1.27亩，耕犁秋收后的黄黏壤板田（耕深、耕宽为17～21.5cm）的役力情况，公牛、阉牛和母牛最大挽力分别为172.50kg、167.85kg和133.57kg。

8　等级评定

8.1　外貌鉴定

8.1.1　评分标准

黎平牛体形外貌和各部位的鉴定评分见表5。

表5　外貌评分

单位：分

项目		满分标准	公牛		母牛	
			满分	评分	满分	评分
第一项	外貌与特征	体格高大、体质结实、行动灵敏、皮薄毛细、品种特征明显，公牛雄壮，母牛温驯	20		15	
第二项	整体结构	体型丰满紧凑，结构匀称、体躯长而宽深、发育良好	15		15	

（续表）

项目		满分标准	公牛		母牛	
			满分	评分	满分	评分
第三项	头与颈	头中等大小，公牛宽短，母牛清秀；公牛角粗大，呈倒“八”字，母牛角短细，向前两侧弯曲，多为黑褐色。眼睑、鼻镜皮肤呈黑色或粉色。公牛颈粗短，垂皮欠发达；母牛颈较薄，细长	5		5	
第四项	前躯	公牛鬐甲高而宽，有肩峰（一般高出背线5～7cm），母牛鬐甲平而宽，肩长而斜，胸宽深	15		10	
第五项	中躯	背腰平直宽广，长短适中，结合良好，肋骨弓圆；公牛腹部呈圆桶形，母牛腹大而不下垂	10		15	
第六项	后躯	尻宽长，不过斜，肌肉丰满；大腿肌肉充实。公牛睾丸对称，发育正常；母牛乳房发育良好，奶头整齐、长短粗细适中	20		25	
第七项	四肢	公牛前肢直，肌肉较发达，四肢结实，四蹄黑色、黑褐色或灰色，母牛四肢短小，后躯发育良好，尻部较宽而丰满，略有倾斜	15		15	
合计			100		100	

8.1.2 外貌等级评定

外貌等级评定见表6。

表6 外貌等级评定

单位：分

等级	公牛	母牛
特级	85以上	80以上
一级	80～84	75～79
二级	75～79	70～74
三级	70～74	65～69

8.2 体尺

黎平牛体尺评定见表7。

表7 体尺评定

单位：cm

年龄	等级	公牛			母牛		
		体高	体斜长	胸围	体高	体斜长	胸围
1岁	特	≥94.1	≥95.2	≥122.8	≥92.3	≥98.5	≥120.0
	一	≥92.1	≥93.4	≥119.9	≥91.3	≥96.5	≥118.0
	二	≥90.2	≥91.6	≥118.0	≥90.3	≥94.5	≥115.1
	三	≥89.2	≥89.8	≥116.2	≥88.2	≥92.6	≥113.1
1.5岁	特	≥112.9	≥111.0	≥139.9	≥105.4	≥113.3	≥141.1
	一	≥110.0	≥98.1	≥136.1	≥102.3	≥110.3	≥137.1
	二	≥108.0	≥96.2	≥132.3	≥101.3	≥106.4	≥134.0
	三	≥104.0	≥94.3	≥128.5	≥98.3	≥103.4	≥130.1
2岁	特	≥116.9	≥114.7	≥146.6	≥110.3	≥120.1	≥151.0
	一	≥115.0	≥112.8	≥144.7	≥108.3	≥118.2	≥149.1
	二	≥112.9	≥111.0	≥142.8	≥106.3	≥116.2	≥146.1
	三	≥111.0	≥109.2	≥140.8	≥104.3	≥113.3	≥142.0
3岁	特	≥118.9	≥124.9	≥161.9	≥114.4	≥123.1	≥160.1
	一	≥117.9	≥123.0	≥159.9	≥112.3	≥121.2	≥158.0
	二	≥116.0	≥121.2	≥157.0	≥111.3	≥119.2	≥156.1
	三	≥113.9	≥118.4	≥155.2	≥109.3	≥117.2	≥155.1
4岁	特	≥121.8	≥126.8	≥163.7	≥115.4	≥124.1	≥162.1
	一	≥119.9	≥125.8	≥161.9	≥114.4	≥123.1	≥160.1
	二	≥117.9	≥122.1	≥158.9	≥112.3	≥121.2	≥159.0
	三	≥116.0	≥120.3	≥156.1	≥110.3	≥120.1	≥158.0
5岁	特	≥123.8	≥128.6	≥165.6	≥117.3	≥126.1	≥163.1
	一	≥120.9	≥126.8	≥163.7	≥115.4	≥124.1	≥161.1
	二	≥118.9	≥124.9	≥160.9	≥113.4	≥122.2	≥159.0
	三	≥116.9	≥121.2	≥157.0	≥110.3	≥119.2	≥157.1

注：体尺评定等级按最低一项定级。

8.3 体重

体重等级评定见表8。

表8 体重评定

单位：kg

性别		公牛				母牛			
等级		特	一	二	三	特	一	二	三
年龄	1岁	≥145	≥135	≥125	≥115	≥140	≥130	≥115	≥100
	1.5岁	≥175	≥162	≥150	≥140	≥170	≥157	≥144	≥135
	2岁	≥208	≥192	≥178	≥163	≥206	≥189	≥176	≥161
	3岁	≥262	≥253	≥246	≥233	≥263	≥235	≥203	≥194
	4岁	≥299	≥278	≥250	≥237	≥272	≥249	≥226	≥208
	5岁	≥316	≥298	≥274	≥245	≥295	≥281	≥262	≥244

8.4 等级综合评定

等级综合评定见表9。

表9 等级综合评定

总评等级	单项等级（外貌、体尺、体重）			总评等级	单项等级（外貌、体尺、体重）		
特	特	特	特	一	一	一	一
特	特	特	一	一	一	一	二
一	特	特	二	二	一	一	三
二	特	特	三	二	一	二	二
一	特	一	一	二	一	二	三
一	特	一	二	三	一	三	三
二	特	一	三	二	二	二	二
二	特	二	二	二	二	二	三
二	特	二	三	三	二	三	三
三	特	三	三	三	三	三	三

9 鉴定规则

9.1 黎平牛的鉴定，应在县级以上畜牧兽医行政主管部门的领导下，组成鉴定小组进行鉴定。

9.2 来源和血缘清楚，系谱档案齐全。

9.3 生殖器官发育正常，公畜无单睾、隐睾、脐疝等遗传缺陷；母畜无瞎乳头，有效乳头数2对，排列整齐。

9.4 四肢健壮。

9.5 体型外貌符合本品种特征。凡品种特征不合规定者，不予鉴定，凡眼圈为黑毛，毛色黄白花、鼻镜粉红色或粉红色斑点等在品种特征一项中适当扣分，公牛总评时不能进入特级。

9.6 凡具有狭胸、靠膝、交突、跛行、凹背、凹腰、拱腰、尖尻、立系、卧系等缺陷而表现严重者，母牛只能评为二级以下（包括二级），公牛只能评为三级以下（包括三级）。

9.7 黎平牛根据外貌、体尺、体重三项进行综合评定，并参考其父、母等级。

9.8 黎平牛在1.5岁、3岁和5岁共鉴定三次，但可根据其后代的质量调整其等级。1岁以内根据外貌、体尺、体重三项进行初步选育。

10 种牛出场标准

出场种牛应符合黎平牛外貌特征，并达到下列要求：

a）年龄在2周岁以上。

b）综合评定等级：

1）公牛二级以上；

2）母牛三级以上。

c）健康无病；

d）持有县级以上畜牧行政主管部门出具的种畜合格证。

附录A
（资料性附录）

图A.1　黎平牛（公牛）

图A.2　黎平牛（母牛）

ICS 65.020.01
CCS B 01

DB52

贵 州 省 地 方 标 准

DB52/T 1563—2021

玉米青贮调制与使用技术规程

Code of practice for maize ensiling and its usage

2021-01-14 发布 2024-05-01 实施

贵州省市场监督管理局 发 布

前　言

本文件按照GB/T 1.1—2020《标准化工作导则　第1部分：标准化文件的结构和起草规则》的规定起草。

本文件由贵州省草业研究所提出。

本文件由贵州省农业农村厅归口。

本文件起草单位：贵州省草业研究所。

本文件主要起草人：丁磊磊、谢彩云、王普昶、张文、范国华、陈娟、尚以顺。

玉米青贮调制与使用技术规程

1 范围

本文件规定了青贮设施、添加剂、青贮机械、调制、使用管理、品质的鉴定和饲喂的原则及技术等要求。

本文件适用于所有涉及玉米青贮的饲料加工厂、种植和养殖场、种草养畜专业合作社及个体户。

2 规范性引用文件

下列文件中的内容通过文中的规范性引用而构成本文件必不可少的条款。其中，注日期的引用文件，仅该日期对应的版本适用于本文件；不注日期的引用文件，其最新版本（包括所有的修改单）适用于本文件。

GB/T 6435 饲料中水分的测定

GB 13078 饲料卫生标准

GB/T 22141 混合型饲料添加剂酸化剂通用要求

GB/T 22142 饲料添加剂 有机酸通用要求

GB/T 22143 饲料添加剂 无机酸通用要求

NY/T 1444 微生物饲料添加剂技术通则

NY/T 2696 饲草青贮技术规程 玉米

NY/T 2698 青贮设施建设技术规范 青贮窖

NY/T 3462 全株玉米青贮霉菌毒素控制技术规范

DB52/T 1257.8 贵州肉牛生产技术规范 第8部分：青贮饲料生产

3 术语与定义

NY/T 2696、NY/T 2698和DB52/T 1257.8界定的术语和定义适用于本文件。

4 青贮设施

4.1 裹包膜、青贮袋应选用优质无毒的材质，宜选择高阻氧膜、生物可降解膜，具有一定的抗拉强度、延展性、直角撕裂强度及耐穿刺性，应柔韧易弯、易焊接，还应具有较高的密封性和阻氧性。青贮袋厚度10～15丝，外套编织袋。

4.2 青贮窖应符合NY/T 2698、NY/T 3462和DB52/T 1257.8的规定。

5 添加剂

5.1 添加剂的选用应符合DB52/T 1257.8的规定。

5.2 添加剂的使用应符合GB/T 22141、GB/T 22142、GB/T 22143、NY/T 1444的规定。

6 青贮机械

6.1 切碎机械

以适宜、高效为原则，宜选择适合贵州的小型机械。可采用铡揉机、揉丝机、切碎机、青贮饲料收获机，以高效切碎、高效揉丝为宜。

6.2 压实或抽气机械

袋装青贮时，可人工压实或真空机排除袋内空气或青贮饲料压块机压实。裹包青贮时，可使用青贮打捆机或青贮饲料压块机压实。青贮窖青贮时，可采用人工、重型机械压实，宜重型机械结合局部人工压实。

6.3 密封机械

袋装青贮时，可人工捆扎或用电热封口机封口或青贮套袋打包机或青贮压块套袋打包一体机打包封口。裹包青贮时，可使用裹包机或压块裹包机。

7 调制

7.1 贮前准备

青贮前，清理青贮场地内的杂物，检修各类青贮机械设备。检查青贮膜、袋质量，如有损坏及时修复或更换。对青贮窖进行检查修复、清理消毒。

7.2 玉米的收获与晾晒

7.2.1 宜在晴天于玉米的乳熟后期至蜡熟期收获玉米，可通过晾晒控制水分，以含水率65%～70%为宜，并将收割玉米中的泥块、石块、铁丝、有毒有害牧草等物清除干净。留茬高度应符合NY/T 2696的规定。

7.2.2 原料含水率的判断宜按照GB/T 6435执行。

7.3 切碎

袋装青贮、青贮窖青贮时，青贮原料经过机械切碎或铡揉，应为丝状，长度不超过5cm。以1～2cm为宜。裹包青贮时，以丝状、长度8～12cm为宜。无论何种青贮方式，都应将玉米籽粒破碎。

7.4 添加剂使用

将添加剂按照适宜的比例均匀添加到青贮原料上。

7.5 填装压实

袋装青贮时，若人工压实，应每层填装厚度不超过30cm，压实后厚度不超过

15cm，填装1层压实1层，若机械压实，启动压缩装置，通过成型腔将物料压实成型，压实密度应符合NY/T 2696的规定，在原料不产生过量回弹的情况下，将成型草块推至成型腔出口。裹包青贮时，原料打捆或压块密度应大于650kg/m^3。青贮窖青贮时，应符合NY/T 2696、NY/T 3462和DB52/T 1257.8的规定。

7.6 密封

袋装青贮时，草块装入袋中，立即夹紧袋口，拿下物料袋，可封口机封口或人工扎口，宜采用青贮套袋打包机或青贮压块套袋打包一体机。口应封严，不应漏气，外层编织袋封口后，送至贮藏地贮存。裹包青贮时，裹包后膜总厚度以19～25丝为宜。青贮窖青贮时，应符合NY/T 2696、NY/T 3462和DB52/T 1257.8的规定，宜在顶部和墙体连接区域加盖阻氧膜。

7.7 检查

密封后仔细检查裹包膜、袋、青贮窖盖膜有无破损，发现破损应及时修补或更换。

7.8 贮藏

袋装青贮、裹包青贮应运输贮藏到避光通风干燥、地面平整、无积水、无虫鼠鸟禽患、无杂物及无其他尖利物的地方。

8 使用管理

8.1 使用前管理

经常检查袋装青贮、裹包青贮包装表面，如有破损及时修补。青贮窖青贮的贮藏管理应符合NY/T 2696和DB52/T 1257.8的规定。

8.2 使用中管理

发酵30～60d即可使用。若有霉烂或品质鉴定为劣者，应清除，并将其沤肥。取用青贮饲料时应按量取用，每天取用厚度应符合NY/T 2696的规定。应随用随取，取后密封。应及时连续取用，减少损失。应保持取用面平整，减少表面积，不应掏洞取用。如连续2d及以上不取用，应平整取用面并密封。

8.3 使用后管理

应及时处理使用过的青贮膜等塑料制品，不应将青贮膜等塑料制品混入青贮饲料；清除的劣质青贮和饲喂过程产生的弃料应经沤肥再施入土地，不应直接施入土地。

9 品质的鉴定

9.1 青贮饲料质量

应符合DB52/T 1257.8的规定。

9.2 卫生标准

应符合GB 10378和NY/T 3462的规定。

10 饲喂的原则及技术

10.1 饲喂的原则

10.1.1 可单独饲喂，也可制成全混合日粮饲喂。

10.1.2 应循序渐进，适应后定量饲喂；停喂时也应逐步减量。

10.1.3 质量为劣的青贮饲料不应饲喂。

10.1.4 不应1次取用多日的饲喂量。如当日采食不完，应将剩余的青贮饲料从槽中清除，不应饲喂过夜剩余青贮饲料。

10.2 饲喂的技术

10.2.1 成年肉牛、奶牛和肉羊的饲喂量应符合DB52/T 1257.8的规定。

10.2.2 泌乳期牲畜所用玉米青贮应符合NY/T 3462的规定。

10.2.3 非泌乳期牲畜所用玉米青贮应符合GB 13078的规定。

ICS 65.020.01
CCS B 05

DB52

贵　州　省　地　方　标　准

DB52/T 1832—2024

盘江白刺花牧草生产技术规程

Code of practice for production on *Sophora viciifolia* Hance cv.Panjiang

2024-06-14 发布　　2024-10-01 实施

贵州省市场监督管理局　发布

前 言

本文件按照GB/T 1.1—2020《标准化工作导则 第1部分：标准化文件的结构和起草规则》的规定起草。

请注意本文件的某些内容可能涉及专利，本文件的发布机构不承担识别这些专利的责任。

本文件由贵州省畜禽遗传资源管理站、贵州省草业研究所提出。

本文件由贵州省农业农村厅归口。

本文件起草单位：贵州省畜禽遗传资源管理站、贵州省草业研究所。

本文件主要起草人：龙忠富、张明均、杨义成、吴静、张宇君、罗天琼、张明婧、杨红文、杨丰、陈秀华、翁吉梅、王松、申李、周迪、袁超、樊莹、李维、何仕荣、韩改苗、郭燕平、周安详、涂小英、韦金华、郑英华、刘霜云、王丽琴、王应芬、左相兵、龚俞。

盘江白刺花牧草生产技术规程

1　范围

本文件规定了盘江白刺花牧草生产的种植要点、田间管理、利用等要求。

本文件适用于盘江白刺花牧草生产。

2　规范性引用文件

下列文件中的内容通过文中的规范性引用而构成本文件必不可少的条款。其中，注日期的引用文件，仅该日期对应的版本适用于本文件；不注日期的引用文件，其最新版本（包括所有的修改单）适用于本文件。

NY/T 496　肥料合理使用准则　通则

3　术语和定义

下列术语和定义适用于本文件。

盘江白刺花　*Sophora viciifolia* Hance cv.Panjiang

中华人民共和国农业部公告第2425号，登记号510。以贵州省晴隆县野生白刺花为原始材料经栽培驯化而成的多年生牧草新品种，适应性强、耐寒耐热、抗逆性强，四季青绿，再生性好，耐刈割。

4　种植要点

4.1　栽培区域

海拔2 500m以下地区。

4.2　地块

选择光照充足、排水良好、土层较深地块。

4.3　整地

翻耕，耙平、耙细，清除杂草，低洼地应要挖好排水沟。

4.4　基肥

以有机肥、复合肥为主。在中等偏下肥力条件下，施有机肥30～45t/hm^2，或五氧化二磷200～300kg/hm^2、氧化钾100～200kg/hm^2。肥料使用应符合NY/T 496的要求。

4.5　种子选择

应选择收获2年内、饱满无霉变、纯度≥90%、净度≥85%的种子。

4.6 种植

4.6.1 种植时间

4—10月。

4.6.2 种植前准备

温水浸种12h，用0.5%的高锰酸钾溶液浸泡3～5min。播种前用钙镁磷肥拌种，拌种比例为1∶100。

4.6.3 种植方式

4.6.3.1 大田播种

穴播，每穴放3～5粒，行距50cm，株距50cm，播深2～3cm，覆土。

4.6.3.2 育苗移栽

育苗：条播，行距以15cm为宜。

移栽：苗高15～20cm移栽，行距50cm，株距50cm。浇足定根水。

5 田间管理

5.1 定苗

大田直播苗高约10cm间苗、补苗，每穴留苗1～2株。

5.2 中耕除草

齐苗后进行第1次中耕；苗高20～25cm时进行第2次中耕。

5.3 追肥

结合第2次中耕，施尿素75kg/hm^2；在分枝初期和每次刈割后追施复合肥（氮∶磷∶钾为15∶15∶15）225kg/hm^2。

6 利用

6.1 刈割鲜饲利用

株高70～80cm刈割利用，留茬高度20～25cm。初霜期前停止利用。

6.2 放牧利用

株高约50cm即可放牧利用，宜30～35d放牧一次。

6.3 青贮利用

株高60～70cm时全株刈割，与禾本科牧草或农作物秸秆按照4∶6混合青贮。

ICS 65.020.01
CCS B 05

DB52

贵　州　省　地　方　标　准

DB52/T 1834—2024

燕麦干草调制技术规程

Code of practice for oat hay

2024-06-14 发布　　2024-10-01 实施

贵州省市场监督管理局　发布

前　言

本文件按照GB/T 1.1—2020《标准化工作导则　第1部分：标准化文件的结构和起草规则》的规定起草。

请注意本文件的某些内容可能涉及专利，本文件的发布机构不承担识别这些专利的责任。

本文件由贵州省畜禽遗传资源管理站、贵州省草业研究所提出。

本文件由贵州省农业农村厅归口。

本文件起草单位：贵州省畜禽遗传资源管理站、贵州省草业研究所。

本文件主要起草人：张明均、龙忠富、杨义成、张宇君、罗天琼、杨通帅、杨廷韬、何玲、吴静、杨红文、王丽琴、陈秀华、杨丰、翁吉梅、王松、申李、周迪、樊莹、李维、王应芬、左相兵、袁超、韦金华、郑英华。

燕麦干草调制技术规程

1　范围

本文件规定了燕麦（*Avena sativa* L.）干草收割、干燥、打捆、运输和贮存的要求。

本文件适用于燕麦干草生产。

2　规范性引用文件

下列文件中的内容通过文中的规范性引用而构成本文件必不可少的条款。其中，注日期的引用文件，仅该日期对应的版本适用于本文件；不注日期的引用文件，其最新版本（包括所有的修改单）适用于本文件。

GB/T 10395.20　农林机械安全　第20部分：捡拾打捆机

GB/T 14290　圆草捆打捆机

GB/T 25423　方草捆打捆机

GB/T 30468　青饲料牧草烘干机组

NY/T 1631　方草捆打捆机　作业质量

NY/T 2461　牧草机械化收获作业技术规范

NY/T 2463　圆草捆打捆机　作业质量

3　术语和定义

下列术语和定义适用于本文件。

3.1

灌浆中期

燕麦50%的籽粒达到多半仁，并开始沉积淀粉粒。一般在燕麦开花10～15d。

4　调制准备

4.1　根据种养规模和燕麦生物学特性配备相应的设施、设备及材料。

4.2　完成设施、设备、运输车辆的调试、检修与保养。

4.3　完成各类人员的组织、培训与配置。

5 收割

5.1 收割前准备

在适宜机械化收割的地块准备收割机械和运输机械，收割机械宜配置压辊设备。在不适宜机械化收割的地块，组织人力、准备收割工具和运输机具等。

5.2 收割时间

适宜在灌浆中期、晴好天气，且露水退散后进行。

5.3 操作要求

5.3.1 收割机具、作业安全、割幅重叠符合NY/T 2461的要求。

5.3.2 机具收割植株留茬高度8～10cm，人工刈割植株留茬高度5～8cm。

5.3.3 收割时不应混入泥土和杂物。

5.3.4 收割后的燕麦应避免淋雨。

6 干燥

6.1 基本要求

6.1.1 燕麦干草应干燥至水分≤17%。

6.1.2 2～3d持续晴好的天气宜选择自然干燥。

6.1.3 自然干燥若水分达不到要求时，应结合人工干燥。

6.2 自然干燥

6.2.1 收割后的燕麦于割茬上晾晒。

6.2.2 应摊晒均匀，并及时进行翻晒通风，每天翻晒作业1～2次。

6.3 人工干燥

6.3.1 收割的燕麦在田间或运输至调制干草的场地摊晾1～2d。

6.3.2 将摊晾后的燕麦堆放入烘干机，用120～150℃杀青15min后，用50～70℃烘干达到6.1.1要求。

6.3.3 烘干设备应符合GB/T 30468的规定。

7 打捆

7.1 打捆机具

捡拾打捆机具应符合GB 10395.20的要求，打捆机具应符合GB/T 14290和GB/T 25423的要求。

7.2 操作要求

应符合NY/T 2463或者NY/T 1631的规定。

7.3 草捆规格

方草捆截面长度宜为100～120cm，宽、高宜为60～80cm。圆草捆直径为120～

150cm，长宜为80～100cm。

8 运输和贮存

8.1 草捆应及时运输至存放地，车厢应保持干燥，运输过程中草垛应堆放整齐、扎紧并防雨。

8.2 草捆应分级堆垛，做好入库记录。

8.3 草捆应堆垛整齐，保留通风道。

8.4 定期巡查，做好防火、防潮、防鼠害等工作。

ICS 65.020.01
CCS B 05

DB52

贵　州　省　地　方　标　准

DB52/T 1835—2024

杂交狼尾草与紫花苜蓿混合青贮技术规程

Code of practice for mixed ensiling on *Medicago sativa* and *Pennisetum americanum*×*P. purpureum*

2024-06-14 发布　　2024-10-01 实施

贵州省市场监督管理局　发布

前　言

本文件按照GB/T 1.1—2020《标准化工作导则　第1部分：标准化文件的结构和起草规则》的规定起草。

请注意本文件的某些内容可能涉及专利，本文件的发布机构不承担识别这些专利的责任。

本文件由贵州省畜禽遗传资源管理站、贵州省草业研究所提出。

本文件由贵州省农业农村厅归口。

本文件起草单位：贵州省畜禽遗传资源管理站、贵州省草业研究所。

本文件主要起草人：张明均、龙忠富、黄智宇、张宇君、唐文汉、杨义成、杨通帅、赵明坤、马培杰、罗天琼、刘霜云、王丽琴、杨红文、杨丰、翁吉梅、王松、申李、王应芬、左相兵、陈秀华、周迪、樊莹、李维、袁超、韦金华、郑英华、龚俞。

杂交狼尾草与紫花苜蓿混合青贮技术规程

1 范围

本文件规定了杂交狼尾草与紫花苜蓿混合青贮的贮前准备、原料、切碎、混合、添加剂使用、贮后管理等技术要求。

本文件适用于杂交狼尾草与紫花苜蓿为原料调制的混合窖式青贮。

2 规范性引用文件

下列文件中的内容通过文中的规范性引用而构成本文件必不可少的条款。其中，注日期的引用文件，仅该日期对应的版本适用于本文件；不注日期的引用文件，其最新版本（包括所有的修改单）适用于本文件。

GB/T 22142　饲料添加剂　有机酸通用要求

GB/T 22143　饲料添加剂　无机酸通用要求

GB/T 40935　青贮牧草膜

NY/T 1444　微生物饲料添加剂技术通则

3 术语和定义

下列术语和定义适用于本文件。

3.1

杂交狼尾草

多年生禾本科牧草，抗旱力强，耐湿，对土壤要求不严，直立丛生，分蘖能力强，产量高。

3.2

紫花苜蓿

多年生豆科牧草，叶量丰富，粗蛋白含量高、耐刈割、家畜消化率高。

3.3

青贮饲料

将牧草或饲料作物切短、破碎后置于密封的青贮设施中，在厌氧环境下利用乳酸菌的发酵作用产生乳酸，抑制各种杂菌的繁殖和生长，使原料能够长期保存的饲料产品。

3.4　**混合青贮**

两种或两种以上的原料混合后进行青贮调制。

4 青贮前准备

4.1 检查调试

使用前检查青贮窖是否开裂、漏水，对机具进行调试维护。

4.2 清理消毒

使用前清扫窖池，并用消毒液消毒。

4.3 青贮专用膜

选用符合GB/T 40935青贮牧草膜要求的青贮专用膜。

5 原料准备

5.1 原料收割

在紫花苜蓿盛花期时同步收割杂交狼尾草。

5.2 切碎与揉丝

利用揉丝机将杂交狼尾草揉成丝状，利用铡草机将紫花苜蓿切成5～8cm长的切段，以利于压紧排出料间空气，提高青贮饲料的质量。

5.3 原料混合

按照杂交狼尾草60%～70%、紫花苜蓿30%～40%，采用人工或机械混合。

5.4 添加青贮添加剂

可添加符合GB/T 22142、GB/T 22143和NY/T 1444要求的乳酸菌、有机酸、无机酸等添加剂，喷洒宜于原料切碎时进行。

6 制作步骤

6.1 装填

分层装填，每装20～30cm压实一次并均匀喷洒青贮添加剂，装填密度650～700kg/m^3。装填和压实同步进行。原料应装填高于窖面30～50cm。装填时间不应超过7d。

6.2 密封

原料装填完后，立即用窖池宽度1.3～1.5倍的专用膜覆盖原料。用废旧轮胎、沙袋等物品由中间向四边压实封严。

6.3 青贮后的管理

每间隔3～5d检查青贮窖的密封性，若顶部有破损应及时修补。青贮窖周边放置提示标志及防护栏。

7 取料

7.1 开窖使用

封窖45～60d开启使用。

7.2 品质检查

青贮料取用前应进行开封检查，青贮料湿润、松散柔软、茎叶结构保持良好，外观表现为黄绿色、浅黄色，有芳香味或酸香味，无霉味或腐臭味。

7.3 取料方法

开窖取料应从封口处开始，宜使用取料机沿纵切面从上到下、由外向里逐段取用。每次取出量应以当次饲喂量为宜，每次取料后将专用膜覆盖。

ICS 65.020.01
CCS B 66

DB52

贵　州　省　地　方　标　准

DB52/T 1830—2024

林下草地建植与管理技术规程

Code of practice for planting and managing of grassland in forest

2024-06-14 发布　　2024-10-01 实施

贵州省质量技术监督局　发布

前　言

本文件按照GB/T 1.1—2020《标准化工作导则　第1部分：标准化文件的结构和起草规则》的规定起草。

本文件由贵州省畜禽遗传资源管理站提出。

本文件由贵州省农业农村厅归口。

本文件起草单位：贵州省畜禽遗传资源管理站、贵州省山地农业机械研究所、贵州省草地技术试验推广站。

本文件主要起草人：王应芬、杨丰、李晨、张明均、唐春勇、吴静、张忠贵、王军波、刘春波、雷荷仙、张涛、林蜀云、龙金梅、杨红文、张明婧、刘霜云、樊莹、李维、周华、王丽琴、翁吉梅、王松、申李、陈秀华、周迪、左相兵、袁超、龚俞。

林下草地建植与管理技术规程

1　范围

本文件规定了林下草地建植与管理的立地条件、种植准备、草种选择与种植、田间管理、病虫害防治、利用等内容。

本文件适用于林下草地建植与管理。

2　规范性引用文件

下列文件中的内容通过文中的规范性引用而构成本文件必不可少的条款。其中，注日期的引用文件，仅该日期对应的版本适用于本文件；不注日期的引用文件，其最新版本（包括所有的修改单）适用于本文件。

GB 6141　豆科草种子质量分级

GB 6142　禾本科草种子质量分级

NY/T 496　肥料合理使用准则　通则

NY/T 635　天然草地合理载畜量的计算

3　术语和定义

下列术语和定义适用于本文件。

3.1

林下草地

地势平缓，坡度小于25°，有较充足的光照，满足牧草生长需求的林地。

3.2

基肥

在播种前，结合土壤耕作施入的肥料，一般以有机肥为主。

3.3

混播

在同一地块上，同期混合种植两种或两种以上牧草的种植方式。

4　立地条件

4.1　排水良好，土层深厚，土壤肥力中等以上。

4.2　林间郁闭度低于0.5，有较充足的光照满足牧草的生长需求。

5 种植准备

5.1 除杂与整地

种植前清除林下土壤中石块、树枝、落叶等地表杂物，在林间翻耕土15～20cm，耙平整细。

5.2 施基肥

土壤翻耕前施用腐熟农家肥15 000～30 000kg/hm^2。播种前适量施复合肥（氮：磷：钾为15：15：15）300kg/hm^2。肥料使用应符合NY/T 496的要求。

5.3 灌溉

有条件的地方宜在树行间合理布局喷灌设施，根据土壤墒情适时灌溉。

6 草种选择与种植

6.1 草种选择

林下草地宜选择耐阴品种。禾本科牧草宜选鸭茅、多年生黑麦草、一年生黑麦草、苇状羊茅、狗尾草、百喜草等；豆科牧草宜选白三叶、紫花苜蓿、柱花草等。林间草地的组合以鸭茅+白三叶+苇状羊茅为宜。

6.2 质量要求

6.2.1 豆科草种子应符合GB 6141三级及以上的规定。

6.2.2 禾本科草种子应符合GB 6142三级及以上的规定。

6.3 播种量

6.3.1 各草种播种量及播种深度等应符合附录A要求。

6.3.2 豆科与禾本科比例为1：4或1：3。其中鸭茅宜占禾本科种子播量60%～80%。

6.3.3 撒播时播种量较条播应增加20%～30%。

6.4 播种时间

选择降雨前1～2d播种，冷季型牧草应选择早春或秋季，以秋季为主（9—10月）；暖季型牧草选择在晚春或初夏（4—5月）。

6.5 播种方式

6.5.1 条播

人工播种行距25～30cm，机械播种15～20cm。

6.5.2 撒播

撒播时应均匀，可采用纵横交叉撒播，重复1次。

6.5.3 镇压

播种后，可用扫帚、树枝将种子与土壤紧密接触。有条件的地方宜用机具镇压。

7 田间管理

7.1 除杂

应采用人工或选择性化学除草剂除杂。

7.2 水肥管理

7.2.1 播种后视墒情浇水。

7.2.2 出苗后10～15d施尿素45～75kg/hm^2，每次刈割后追施尿素75～90kg/hm^2，夏季高温不宜施肥。

7.2.3 春、秋季各施1次复合肥（氮∶磷∶钾为15∶15∶15）300kg/hm^2。

8 病虫害防治

按“预防为主、综合防治”原则，及时对症用药。

9 利用

9.1 刈割利用

草丛高40～50cm时，刈割用于饲喂畜禽或制作青干草和青贮饲料，留茬高度见附录A。

9.2 放牧利用

草丛高30～40cm时，参照NY/T 635计算草地载畜量后放牧利用。

附录A
（规范性）
林下草地建植与管理方法

林下草地建植与管理方法见表A.1。

表A.1　林下草地建植与管理方法

草种名	播种时间	播种方式	适宜播种量（kg/hm^2）	播种深度（cm）	留茬高度（cm）
鸭茅	秋播	条播/撒播	22.50 ~ 33.75	1 ~ 2	5 ~ 8
多年生黑麦草	秋播	条播/撒播	22.50 ~ 33.75	1 ~ 2	5 ~ 8
一年生黑麦草	秋播	条播/撒播	22.50 ~ 33.75	1 ~ 2	5 ~ 8
狗尾草	秋播	条播/撒播	22.50 ~ 32.75	1 ~ 2	5 ~ 8
苇状羊茅	秋播	条播/撒播	22.50 ~ 30.00	1 ~ 2	5 ~ 8
紫花苜蓿	秋播	条播/撒播	11.25 ~ 16.88	1 ~ 2	5 ~ 8
白三叶	秋播	条播/撒播	3.75 ~ 7.50	1 ~ 2	1 ~ 2
百喜草	春播或夏播	条播	11.25 ~ 16.88	1 ~ 2	5 ~ 8
臂形草	春播或夏播	条播/撒播	4.50 ~ 5.63	1 ~ 2	15 ~ 20
黑籽雀稗	春播或夏播	条播	5.63 ~ 11.25	1 ~ 2	20 ~ 30

ICS 65.020.01
CCS B 05

DB52

贵 州 省 地 方 标 准

DB52/T 1833—2024

山区人工草地机械化播种技术规程

Code of practice for mechaniced sowing of artificial grassland in mountainous areas

2024-06-14 发布　　2024-10-01 实施

贵州省市场监督管理局　发布

前　言

本文件按照GB/T 1.1—2020《标准化工作导则　第1部分：标准化文件的结构和起草规则》的规定起草。

请注意本文件的某些内容可能涉及专利，本文件的发布机构不承担识别这些专利的责任。

本文件由贵州省畜禽遗传资源管理站提出。

本文件由贵州省农业农村厅归口。

本文件起草单位：贵州省畜禽遗传资源管理站、贵州省山地农业机械研究所、贵州省草地技术试验推广站、铜仁市饲草饲料工作站。

本文件主要起草人：王应芬、周定勇、刘春波、张明均、龙金梅、何仕荣、杨廷韬、吴静、吴桂芝、林蜀云、齐兴源、王丽琴、张家美、张明婧、刘霜云、杨红文、樊莹、李维、唐春勇、杨丰、翁吉梅、王松、申李、陈秀华、左相兵、周迪、袁超、龚俞。

山区人工草地机械化播种技术规程

1 范围

本文件规定了山区人工草地机械化播种技术的作业地块选择、作业期选择、机具、播种、机械作业要求、作业质量、机具维护、保养与存放等技术内容。

本文件适用于山区人工草地机械化播种。

2 规范性引用文件

下列文件中的内容通过文中的规范性引用而构成本文件必不可少的条款。其中，注日期的引用文件，仅该日期对应的版本适用于本文件；不注日期的引用文件，其最新版本（包括所有的修改单）适用于本文件。

GB 6141 豆科草种子质量分级

GB 6142 禾本科草种子质量分级

GB 10396 农林拖拉机和机械、草坪和园艺动力机械 安全标志和危险图形 总则

GB/T 25421 牧草免耕播种机

NY 2609 拖拉机 安全操作规程

3 术语和定义

下列术语和定义适用于本文件。

3.1

山区人工草地

在山地、丘陵、崎岖的高原，采用农业技术措施栽培而成的草地。

4 作业地块选择

4.1 宜选择集中连片、作业面小于25°、排水良好且满足宜机化生产条件的地块。土壤应符合牧草栽培的要求。

4.2 有适合机械进出田间地头的机耕道。

4.3 作业地块地形规整，地块宜为作业机具长度的10倍、宽度5倍以上。

5 作业期选择

应根据适宜机械化耕作的条件（如茬口、天气、土壤墒情等），合理选择作业时间。

6 机具

6.1 作业机具应符合GB 10396的规定。

6.2 根据地块大小及坡度，宜选择农机具配置，农机具设备配置见表1。

表1 机具设备配置

	坡度15°以下1个生产单元（5 000m²）机具配置	坡度15°～25° 1个生产单元（5 000m²）机具配置	备注
1	70～80kW拖拉机	40～50kW拖拉机	
2	五铧液压翻转犁	四铧液压翻转犁	
3	2.3m旋耕机	1.75m旋耕机	
4	6行气吸式精量播种施肥机	4行气吸式精量播种施肥机	
5	3.6m镇压机	2.4m镇压机	
6	拖拉机挂车（4 200mm×1 800mm×500mm）	拖拉机挂车（3 500mm×1 800mm×500mm）	

7 播种

7.1 播种前准备

7.1.1 播种前应采用旋耕机、犁地机、联合整地机、圆盘耙等机具进行耕整地，使土层疏松、蓄水保墒，达到机械播种耕作条件；采用免耕直播进行补播的，应清理树枝、较大的石块等，必要时可用割草机对前茬牧草进行清理。

7.1.2 对影响作业的沟渠、水井、电杆拉线、坟地等障碍物处应设置醒目的警示标志。

7.1.3 对播种机具进行调试，直到达到正常播种技术要求方可进行正式作业。

7.2 播种时间

选择降雨前2～3d播种，冷季型牧草应选择早春或秋季，以秋季为主（9—10月较适）；暖季型牧草选择在晚春或初夏（4—5月）。

7.3 草种选择

7.3.1 根据利用要求和土地土质实际、海拔高度选择合适的草种。

7.3.2 海拔800m以上的地区应选择冷季型品种，禾本科牧草品种有多年生黑麦草、一年生黑麦草、鸡脚草、苇状羊茅、绒毛草等；豆科牧草品种有紫花苜蓿、白三叶、红三叶等。

7.3.3 海拔800m以下的地区应选择柱花草、木豆和苏丹草、皇竹草、臂形草等亚热带牧草品种。

7.3.4 草种质量豆科草种子应符合GB 6141中的3级及以上的规定；禾本科草种子应符

合GB 6142中的3级及以上的规定；其他科草种要求种子的纯净度90%以上、发芽率85%以上。

7.4 播种量

不同草种播种量参照附录A。

8 机械作业要求

8.1 人员

操作农机人员应符合NY 2609条件要求。

8.2 作业

8.2.1 作业时严格按照说明书操作，应随时观察作业质量，如有异常，应立即停机检查。

8.2.2 到达边界或后退、转弯时，均匀升降机具。中途停车时，应退后1～2m再前行播种。及时检查添加种子和肥料。

9 作业质量

播种机作业质量指标应符合GB/T 25421的规定，草地播种机作业质量指标见表2。

表2 草地播种机作业质量指标

项目	指标	
	豆科	禾本科
各行排种量一致性变异系数（%）	≤13	≤14
总排种量稳定性变异系数（%）	≤5	≤6
牧草种子破损率（%）	≤2	
播种均匀性变异系数（%）	≤50	
播种深度合格率（%）	≥75	

注：当地农艺要求播种深度为h，当$h\geq3.0$cm时，（$h\pm1.0$）cm为合格；当$h<3.0$cm时，（$h\pm0.5$）cm为合格。

10 机具维护、保养与存放

10.1 机具作业完毕后，应按使用说明书要求进行维护保养。

10.2 机具维护保养后，应妥善存放。

附录A
（规范性）
山区人工草地机械化播种不同草种播种量

山区人工草地机械化播种不同草种播种量见表A.1。

表A.1　山区人工草地机械化播种不同草种播种量

草种名	播种时间	播种方法	适宜播种量（kg/hm^2）	备注
鸭茅	秋播	机械播种	22.50 ~ 33.75	1 ~ 2
多年生黑麦草	秋播	机械播种	22.50 ~ 33.75	1 ~ 2
一年生黑麦草	秋播	机械播种	22.50 ~ 33.75	1 ~ 2
狗尾草	秋播	机械播种	22.50 ~ 32.75	1 ~ 2
苇状羊茅	秋播	机械播种	22.50 ~ 30.00	1 ~ 2
紫花苜蓿	秋播	机械播种	11.25 ~ 16.88	1 ~ 2
白三叶	秋播	机械播种	3.75 ~ 7.50	1 ~ 2
百喜草	春播或夏播	机械播种	11.25 ~ 16.88	1 ~ 2
臂形草	春播或夏播	机械播种	4.50 ~ 5.63	1 ~ 2
黑籽雀稗	春播或夏播	机械播种	5.63 ~ 11.25	1 ~ 2

ICS 65.020.01
CCS B 05

DB52

贵 州 省 地 方 标 准

DB52/T 1829—2024

高水分多花黑麦草青贮加工技术规程

Technical specification for silage processing of high-moisture *Italian ryegrass*

2024-06-14 发布 2024-10-01 实施

贵州省市场监督管理局 发布

前　言

本文件按照GB/T 1.1—2020《标准化工作导则　第1部分：标准化文件的结构和起草规则》的规定起草。

请注意本文件的某些内容可能涉及专利，本文件的发布机构不承担识别这些专利的责任。

本文件由贵州省畜禽遗传资源管理站、贵州省草地技术试验推广站提出。

本文件由贵州省农业农村厅归口。

本文件起草单位：贵州省畜禽遗传资源管理站、贵州省草地技术试验推广站、黔东南州饲草饲料站、铜仁市饲草饲料工作站、思南县畜牧技术推广站、思南县畜牧发展中心。

本文件主要起草人：杨丰、黄智宇、李晨、雷荷仙、唐文汉、张忠贵、杨廷韬、代兴红、梁显义、杨红文、张明均、朱欣、杨学东、李龙兴、汪依妮、陈秀华、吴小敏、杨波、王松、申李、翁吉梅、王应芬、左相兵、杨云、郝明祥、周华、何仕荣、熊勇、张璇、涂小英、周安详、周迪、王军波、龚俞。

高水分多花黑麦草青贮加工技术规程

1 范围

本文件规定了高水分多花黑麦草青贮加工技术规程的青贮前准备、原料调制、青贮工艺、青贮后管理、取料等。

本文件适用于高水分多花黑麦草的裹包青贮。

2 规范性引用文件

下列文件中的内容通过文中的规范性引用而构成本文件必不可少的条款。其中，注日期的引用文件，仅该日期对应的版本适用于本文件；不注日期的引用文件，其最新版本（包括所有的修改单）适用于本文件。

GB/T 22142 饲料添加剂 有机酸通用要求

GB/T 22143 饲料添加剂 无机酸通用要求

GB/T 40935 青贮牧草膜

NY/T 1444 微生物饲料添加剂技术通则

3 术语和定义

下列术语和定义适用于本文件。

3.1

高水分多花黑麦草青贮饲料

多花黑麦草（含水量≥80%）刈割后通过添加青贮添加剂，在青贮窖或青贮袋密封的条件下，通过微生物发酵生产的一种粗饲料。

3.2

青贮

将牧草或饲料作物切短、破碎后置于密封的青贮设施中，在厌氧环境下利用乳酸菌的发酵作用产生乳酸，抑制各种杂菌的繁殖和生长，使原料能够长期保存的调制加工方法。

3.3

裹包青贮

利用机械设备将青绿植物揉切、打捆后，用青贮专用拉伸膜将其紧密包裹起来的一种青贮加工调制方法。

3.4

青贮添加剂

用于改善青贮饲料发酵品质，减少养分损失或提高营养价值的添加剂，包括乳酸菌添加剂、甲酸防腐剂、丙酸保鲜剂等。

4 青贮前准备

4.1 机具检查调试

使用前对机具进行调试维护。

4.2 物资

4.2.1 准备干净、卫生、无霉变的秸秆、干草、米糠等。

4.2.2 青贮裹包膜应符合GB/T 40935的要求。

4.2.3 乳酸菌、有机酸、无机酸等添加剂应符合GB/T 22142、GB/T 22143和NY/T 1444的要求。

5 原料处理

多花黑麦草株高60～80cm时刈割，与秸秆、干草、米糠等按照7：3混合，并参照附录A选择加入青贮添加剂，使用量按照说明书执行。

6 青贮制作

将混合原料装入粉碎裹包一体机进行青贮制作，密度650～700kg/m^3。裹包膜宜为3～5层。

7 贮存管理

裹包堆放整齐，注意防鼠。

8 取料饲喂

8.1 裹包30d后可开包使用。

8.2 开包后及时饲喂，剩下的饲料在4h内使用完毕。

9 质量评价

青贮料取用前应进行开封检查，青贮料湿润、松散柔软、茎叶结构保持良好，外观表现为黄绿色、浅黄色，有芳香味或酸香味，无霉味或腐臭味。

附录A
（规范性）
青贮添加剂分类

青贮添加剂分类见表A.1。

表A.1　青贮添加剂分类

发酵促进剂		发酵抑制剂		好氧腐败抑制剂	营养型添加剂
发酵细菌	WSC来源	酸	其他		
干酪乳杆菌	蜜糖	无机酸	甲醛	丙酸	尿素
乳酸片球菌	葡萄糖	甲酸	对甲醛	己酸	氨
植物乳杆菌	蔗糖	乙酸	氯化钠	山梨酸	双缩脲
戊糖片球菌	谷类	苯甲酸	亚硫酸钠	部分乳酸菌	矿物质
短乳酸杆菌	酶制剂	丙烯酸			
嗜酸乳杆菌		山梨酸			
布氏乳杆菌					

ICS 65.020.99
B 05

DB52

贵 州 省 地 方 标 准

DB52/T 1348—2018

贵州喀斯特山区天然草地改良技术规程

Technical specifications for natural grassland improvement of karst area in Guizhou

2018-09-04 发布　　2019-03-04 实施

贵州省质量技术监督局　发 布

前　言

本标准按照GB/T 1.1—2009《标准化工作导则　第1部分：标准的结构和编写》给出的规则起草。

请注意本文件的某些内容可能涉及专利，本文件的发布机构不承担识别这些专利的责任。

本标准由贵州省农业委员会归口。

本标准起草单位：贵州省草地技术试验推广站、贵州大学。

本标准主要起草人：张明均、杨学东、袁旭、王应芬、赵丽丽、孙杭、李龙兴、杨丰、张明婧、朱欣、李莉、黎俊、韦方鸿、付强、陆荣清。

贵州喀斯特山区天然草地改良技术规程

1 范围

本标准规定了贵州喀斯特山区天然草地改良技术的术语和定义、改良方法与措施、播种、田间管理与利用等要求。

本标准适用于贵州喀斯特山区天然草地的改良。

2 规范性引用文件

下列文件对于本文件的应用是必不可少的。凡是注日期的引用文件，仅所注日期的版本适用于本文件。凡是不注日期的引用文件，其最新版本（包括所有的修改单）适用于本文件。

GB 19377 天然草地退化、沙化、盐渍化的分级指标

GB 6141 豆科草种子质量分级

GB 6142 禾本科草种子质量分级

NY/T 1343 草原划区轮牧技术规程

3 术语和定义

下列术语和定义适用于本文件。

3.1

天然草地 natura grassland

地表覆盖度≥5%的野生草本植物或兼有灌木≤40%、乔木郁闭度≤10%的植物群落，可用于畜牧生产的土地。

3.2

草地改良 grassland improvement

在不破坏或很少破坏原生植被条件下，通过农艺措施，改变天然草群生境，配合引入当地野生种、育成种或驯化种，改变天然草群成分，增加优良牧草优势度，提高草地第一性生产力。

3.3

畜群宿营改良法 improvement of pasture by intense night stocking

利用畜群高密度的啃食、践踏进行地面处理，再播种优良牧草，建成改良或人工草地。

4 改良方法与措施

4.1 作业措施改良

4.1.1 浅翻耕改良

4.1.1.1 适用对象：草地退化达到中度退化及以上的天然草地（草地退化程度的分级参照GB 19377）。

4.1.1.2 适用范围：坡度≤15°的平缓开阔地带，土层厚度达30cm以上，无高大型杂草和砾石。

4.1.1.3 技术措施：通过浅耙或旋耕（15～20cm）→耱地→机械条播或人工撒播→镇压等机械作业恢复建植草地。

4.1.2 免耕直播改良

4.1.2.1 适用对象：草地退化达到中度退化及以下的天然草地。

4.1.2.2 适用范围：适合于天然草地改良的全地形地段。坡度≤15°的平缓开阔地带，采用免耕直播机条播或人工撒播进行改良，条播时适宜宽度15～20cm，播种深度1～2cm，浅土覆盖镇压；坡度15°～25°，用机具或人工撒播；坡度≥25°，根据地形特点沿等高线间隔一定距离（1.5～2m），整理一条外高内低的补播带（0.5～1m）进行撒播或穴播。

4.1.2.3 技术措施：不翻动土壤，经浅耕灭茬、刈割等物理方法清除地表植物后，使用免耕直播机械或人工播种。

4.1.3 化学除草剂清除改良

4.1.3.1 适用对象：含有毒有害杂草的天然草地。

4.1.3.2 适用范围：适合于天然草地改良的全地形地段。

4.1.3.3 技术措施：在杂草生长旺盛期（7—8月），选择晴朗无风的天气，参照GB/T 8321.9，喷施灭生性除草剂或选择除草剂，杀灭全部或部分原生植被，5d后及时检查喷施效果，若有少施或漏施的地方需及时进行补喷。人工清除地面植被，清除地面石块，视环境条件选择适合的播种方式进行播种。

4.1.4 畜群宿营改良法

4.1.4.1 适用对象：原生植被中存在大量家畜难以利用的灌丛或高大型草本植物，或稀疏林地。

4.1.4.2 适用范围：难于机械或人工进行地面处理的地块。

4.1.4.3 技术措施：采用固定式和移动式围栏相结合，通过家畜宿营时高密度的啃食、践踏和排泄等行为清除地表植被，达到补播条件后，在家畜转群前1～2d进行补播。

4.1.5 灌丛草地改良

4.1.5.1 适用对象：在灌丛覆盖度≤40%的中度退化及以上的灌丛草地。

4.1.5.2 适用范围：适合天然草地改良的全地形地段。

4.1.5.3 技术措施：采用机械浅耕灭茬或人工清除杂草后，补播牧草或种植饲用价值高的木本饲用植物。

4.1.6 林间草地改良

4.1.6.1 适用对象：在郁闭度小于10%的林地。

4.1.6.2 适用范围：适合全地形地段的林间草地。

4.1.6.3 技术措施：采用半垦或刈割清理杂草后，补播耐阴性牧草建植人工草地。

4.2 轮牧、休牧改良

轻度退化及以下的天然草地，采取围栏封育、禁止放牧和割草等措施。休牧轮牧应符合NY/T 1343的规定。

4.3 施肥改良

中度退化及以下的天然草地，可施氮素75～150kg/hm^{2}和五氧化二磷150～300kg/hm^2。

5 播种

5.1 播种时间

在降雨来临前2～3d播种，冷季型牧草应选择早春或秋季，以秋季为主；暖季型牧草选择在晚春和初夏。

5.2 草种选择

草种的选择应适应当地土壤、气候条件的优良饲草（参见附录A），兼顾品质特性与利用目的，采用牧草种子检验部门检验合格的种子。牧草种子应符合GB 6141和GB 6142的规定。

5.3 种子处理

5.3.1 硬实处理

采用物理打磨、酸碱腐蚀等方法除去硬实种子部分种皮。

5.3.2 接种有益菌

豆科种子应接种与之相匹配的根瘤菌（参见附录B）。

5.3.3 拌种

播种前，将种子与钙镁磷肥（750kg/hm^2）充分混合拌匀。

5.3.4 包衣

采用人工或机械化包衣。

5.4 播种量

单播时，播种量参考附录C；混播时，各草种播种量为单播时的60%～70%。

5.5 施基肥

播种前施用腐熟厩肥、堆肥等农家肥或复合肥作为基肥，农家肥施用量为15 000～30 000kg/hm^2；复合肥施用量450～750kg/hm^2。

5.6 播种方法

条播、撒播和穴播。

5.7 播种深度

种子粒径的3～5倍，小粒种子1～2cm，大粒种子2～3cm。

5.8 播后镇压

草地补播后及时镇压或用树枝、扫帚等耱地，使种子与土壤接触良好。

6 田间管理与收获利用

6.1 田间管理

6.1.1 苗期管理

苗期生长缓慢，应加强杂草防除，并及时施提苗肥。

6.1.2 水肥管理

在牧草生长期遇干旱时，可采用漫灌或喷灌方式灌溉草地，灌溉量以浸透土壤20cm为宜。禾本科为主的草地，春季返青后施复合肥150～225kg/hm^2，秋季施复合肥120～200kg/hm^2。豆科为主的草地，春、秋季各施五氧化二磷150～225kg/hm^{2}和氧化钾90～150kg/hm^2。施肥宜与灌溉、中耕配合进行。

6.2 收获利用

6.2.1 放牧

按照草畜平衡原则，用围栏将草地划分成不同小区，制定合理的轮牧计划进行放牧。

6.2.2 刈割

采用机械或人工刈割，留茬高度5～8cm，刈割后供家畜鲜饲、制作干草、青贮等。

附录A
（资料性附录）
主要补播饲草

表A.1　主要补播饲草

序号	播种区域（按海拔区分）	名称
一	低海拔地区（800m及以下）	一年生黑麦草、鸭茅、白三叶、紫花苜蓿、柱花草、宽叶雀稗、杂交象草、饲用高粱、苏丹草、高丹草、扁穗雀麦、狗牙根、牛鞭草、非洲狗尾草、臂形草等
二	中海拔地区（800～1 200m）	一年生黑麦草、苇状羊茅、鸭茅、白三叶、红三叶、紫花苜蓿、饲用高粱、苏丹草、扁穗雀麦、牛鞭草、宽叶雀稗、杂交象草、菊苣、长叶车前草等
三	中高海拔地区（1 200～1 600m）	一年生黑麦草、多年生黑麦草、苇状羊茅、鸭茅、白三叶、红三叶、光叶紫花苕、紫花苜蓿等
四	高海拔地区（1 600m以上）	多年生黑麦草、苇状羊茅、鸭茅、白三叶、红三叶、紫花苜蓿、光叶紫花苕、芜菁甘蓝等

附录B
（资料性附录）
常见豆科牧草与根瘤菌剂对应表

表B.1　常见豆科牧草与根瘤菌剂对应表

根瘤菌接种剂名称	适宜接种的豆科植物
黄芪根瘤菌剂	沙打旺、达乌里黄芪、膜荚黄芪、草木樨状黄芪、紫云英等黄芪属
苜蓿根瘤菌剂	苜蓿属、葫芦巴属、草木樨属
三叶草根瘤菌剂	白三叶草、红三叶草等三叶草属
岩黄芪根瘤菌剂	蒙古岩黄芪、细枝岩黄芪等岩黄芪属
锦鸡儿根瘤菌剂	锦鸡儿属
百脉根根瘤菌剂	百脉根属
红豆草根瘤菌剂	红豆草属
小冠花根瘤菌剂	小冠花属
豌豆根瘤菌剂	豌豆属、野豌豆属、山黧豆属、兵豆属
豇豆根瘤菌剂	柱花草属、胡枝子属、葛藤属、花生属、猪屎豆属、链荚豆属、刺桐属、合欢属、木兰属、豇豆属
紫穗槐根瘤菌剂	紫穗槐属

附录C
（资料性附录）
常见牧草参考播种量

表C.1　常见牧草参考播种量

牧草名称	播种量（kg/hm²）	牧草名称	播种量（kg/hm²）
多年生黑麦草	15～22.5	白三叶	3.75～7.5
一年生黑麦草	15～22.5	红三叶	9～15
鸭茅	7.5～15	绛三叶	12～19.5
苇状羊茅	15～30	杂三叶	6～7.5
紫羊茅	7.5～15	百脉根	6～12
扁穗雀麦	22.5～30	葛藤	3.75～4.5
球茎草芦	7.5～15	紫花苜蓿	15～22.5
宽叶雀稗	15～22.5	南苜蓿	15～22.5
狗牙根	6～12	紫云英	30～60
猫尾草	7.5～12	柱花草	1.5～3
燕麦	45～75	圭亚那柱花草	6～9
草地早熟禾	7.5～15	山黧豆	60～75
苏丹草	22.5～30	小冠花	4.5～7.5
非洲狗尾草	7.5～15	鸡眼草	7.5～15
菊苣	2.25～3	黄花羽扇豆	150～200
常用无性繁殖牧草参考用种量			
牧草名称	种苗用量（株/hm²）	牧草名称	种苗用量（株/hm²）
杂交狼尾草	30 000～45 000	扁穗牛鞭草	60 000～75 000

ICS 65.020.01
CCS B 01

DB52

贵　州　省　地　方　标　准

DB52/T 1784—2023

天然草地等级评定技术规范

Technical guide for grade assessment of natural grassland

2024-01-25 发布　　2024-05-01 实施

贵州省市场监督管理局　发布

前 言

本文件按照GB/T 1.1—2020《标准化工作导则　第1部分：标准化文件的结构和起草规则》的规定起草。

请注意本文件的某些内容可能涉及专利，本文件的发布机构不承担识别这些专利的责任。

本文件由贵州省农业农村厅提出并归口。

本文件起草单位：贵州省草地技术试验推广站、贵州省农业信息中心、贵州省山地农业机械研究所、贵州省畜禽遗传资源管理站、贵州省草业研究所、安顺市草地工作站。

本文件主要起草人：张明婧、王应芬、张明均、杨丰、雷会义、左相兵、赵明坤、孙杭、王松、陈秀华、付强、刘霜云、任明晋、雷荷仙、唐文汉、袁波、黄仁芳、田力、余林、郑英华、娄芬、周华、鲁晓鸣、张忠贵、聂朝松、雷文英、宋晓亚、周民兰、宋振宇、罗祥、王关吉、杨廷韬。

天然草地等级评定技术规范

1 范围

本文件规定了天然草地等级评定的指标和方法。

本文件适用于天然草地等级评定和综合评价。

2 规范性引用文件

下列文件中的内容通过文中的规范性引用而构成本文件必不可少的条款。其中，注日期的引用文件，仅该日期对应的版本适用于本文件；不注日期的引用文件，其最新版本适用于本文件。

NY/T 1233—2006　草原资源与生态监测技术规程

NY/T 1579—2007　天然草原等级评定技术规范

3 术语和定义

下列术语和定义适用于本文件。

3.1

天然草地 natural grassland

地表野生草本植物覆盖度≥5%或兼有灌木≤40%、乔木郁闭度≤10%的植物群落，可用于畜牧生产的土地。

［来源：DB52/T 1348—2018，3.1］

3.2

再生草 regrowth grass

被刈割、放牧后重新生长的绿色株丛。

3.3

产草量 grass yield

单位面积的天然草地在一定时期内植株（含饲用灌木和饲用乔木的嫩枝叶）的地上生物量。

3.4

草地利用率 utilization rate of grassland

在不影响草地再生的前提下，可供家畜合理放牧或人工割草利用的草地产草量占全年产草量的百分比。

3.5

草地质量 grassland quality

天然草地植物体的饲用品质优劣，用不同饲用价值牧草的生物量占地上总生物量的重量百分比确定。

3.6

草地产量 grassland production

天然草地植株地上生物量高低，生物量由单位面积可食牧草确定。

3.7

草地等级 grassland grade

将天然草地等和草地级叠加组合，进行草地质量和产量评定的综合指标。

4 评定指标

4.1 天然草地等的指标

天然草地等用牧草饲用价值进行评定，分为规范性评定和野外快速评定，见附录A和附录B。将天然草地饲用价值评价结果及占比分为5等，划分标准见表1。

表1 天然草地等的划分标准

草地等	划分标准
Ⅰ等草地	优等牧草占60%以上
Ⅱ等草地	良等牧草占60%以上，优等及中等占40%
Ⅲ等草地	中等牧草占60%以上，良等及低等占40%
Ⅳ等草地	低等牧草占60%以上，中等及劣等占40%
Ⅴ等草地	劣等牧草占60%以上

4.2 天然草地级的指标

天然草地分为8级，划分标准见表2。

表2 天然草地级的划分标准

级别	划分标准
1级	可食牧草鲜草产量≥12 000kg/hm^2
2级	9 000kg/hm^2≤可食牧草鲜草产量<12 000kg/hm^2
3级	6 000kg/hm^2≤可食牧草鲜草产量<9 000kg/hm^2

（续表）

级别	划分标准
4级	4 500kg/hm^2≤可食牧草鲜草产量<6 000kg/hm^2
5级	3 000kg/hm^2≤可食牧草鲜草产量<4 500kg/hm^2
6级	1 500kg/hm^2≤可食牧草鲜草产量<3 000kg/hm^2
7级	750kg/hm^2≤可食牧草鲜草产量<1 500kg/hm^2
8级	可食牧草鲜草产量<750kg/hm^2

5　评定方法

5.1　野外调查方法

天然草地质量和产量野外调查方法按照NY/T 1579—2007附录C执行。

5.2　产量测定方法

在天然草地最高月产量的基础上，再加30%的再生草作为天然草地全年的产草量。测定方法按照NY/T 1233—2006中的第6.3.1条执行。

5.3　等和级的评定

结合天然草地牧草饲用价值附录A中的规范性评定或附录B野外快速评价结果，出现异议时，优选附录A规范性评定，再依据4.1的划分标准进行等的评定。天然草地级的评定依据4.2执行。

5.4　草地等级综合评定

贵州草地牧草等主要有Ⅱ等、Ⅲ等、Ⅳ等、Ⅴ等，级主要有1级、2级、3级、4级、5级。对天然草地等和级的指标叠加组合，共组合为20个不同的等级见表3。

表3　天然草地等级叠加组合

等级组合		高产	中产		低产	
		1级	2级	3级	4级	5级
优质	Ⅱ等	Ⅱ1	Ⅱ2	Ⅱ3	Ⅱ4	Ⅱ5
中质	Ⅲ等	Ⅲ1	Ⅲ2	Ⅲ3	Ⅲ4	Ⅲ5
低质	Ⅳ等	Ⅳ1	Ⅳ2	Ⅳ3	Ⅳ4	Ⅳ5
	Ⅴ等	Ⅴ1	Ⅴ2	Ⅴ3	Ⅴ4	Ⅴ5

5.5 天然草地综合评价

将天然草地4个等归并为优质、中质、低质，5个级归并为高产、中产、低产，天然草地等级综合评价指标归并为9类，见表4。

表4 天然草地等级综合评定指标

评价结果	高产	中产	低产
优质	优质高产	优质中产	优质低产
中质	中质高产	中质中产	中质低产
低质	低质高产	低质中产	低质低产

附录A
（规范性）
天然草地牧草饲用价值评价方法

A.1 总体要求

根据天然草地牧草的适口性、营养价值、利用率、耐牧性指标，采用百分制综合评价打分，其中适口性40分、营养价值30分、耐牧性15分、利用率15分，然后按各项目打分情况将天然草地饲用价值分为优、良、中、低、劣5个等次。

A.2 适口性评价

天然草地牧草适口性分为5级，划分标准见表A.1。

表A.1 天然草地牧草适口性评价标准

单位：分

级别	采食程度	主要代表牧草中文名	分值
1级	特别喜食的植物，任何情况下，家畜都挑选来吃，表现贪食的状态	白三叶、天蓝苜蓿、鸭茅、假俭草、马唐属、旱熟禾、雀稗属等	31～40
2级	喜食的植物，在一般情况下家畜都吃，但不是专门从草丛中挑选着吃	狗牙根、长序狼尾草、梯牧草、羊茅属、雀麦属、剪股颖属、画眉草属、马陆草、臂形草属、荩草属、香茅属、狗尾草属、百脉根、牧地香豌豆、山黧豆、假香野豌豆、四籽野豌豆、野大豆、广布野豌豆、鸡眼草、葛藤等	21～30
3级	乐食的植物，家畜经常采食，但没有前两类那么贪食喜爱	短柄草属、柳叶箬属、白茅、野古草、芒、金茅属、草木樨、歪头菜、金雀花、蔓草虫豆、短叶决明、山蚂蝗属、胡枝子属、杭子梢属、木兰属等	11～20
4级	不太喜食的植物，只有在上述植物被吃掉后，才肯采食的植物，一般情况下很少被采食	委陵菜、艾等	6～10
5级	不愿采食的植物，只有在某一时期才采食的植物	鼠曲草、蛇莓等	0～5

A.3 营养价值评价

在野外调查取样、植物鉴定的基础上，对天然草地牧草粗蛋白、粗脂肪、粗纤维主要成分进行测定，并划定饲用价值等级见表A.2。

表A.2　天然草地牧草营养价值评价标准　　单位：分

级别	粗蛋白（%）	分值	粗纤维（%）	分值	粗脂肪（%）	分值
1级	>12	8～10	<28	8～10	<2	8～10
2级	10～12	5～7	28～40	5～7	2～4	5～7
3级	<10	0～4	>40	0～4	>4	0～4

A.4　耐牧性评价

根据天然草地牧草多年生草类枝条形成的类型，划分标准见表A.3。

表A.3　天然草地牧草耐牧性评价标准　　单位：分

级别	采食程度	分值
1级	匍匐茎草类：根颈上生长出匍匐于地面的匍匐枝，在匍匐枝的节处形成叶族和不定根，固着于土壤上，耐牧性极强	13～15
2级	密丛状草类：分蘖节位于地表上面，生长缓慢，产量不高，耐牧性强	10～12
3级	疏丛状草类：能形成草皮，但不结实。放牧不宜过重，水分过多时应适当控制放牧强度，耐牧性一般	7～9
4级	根茎状草类：主茎直立，形成连片植株。放牧时应限制数量，不能连续放牧，土壤太潮湿时应控制放牧强度，耐牧性较差	4～6

A.5　利用率评价

根据天然草地牧草的草质、适口性等，划分标准见表A.4。

表A.4　天然草地牧草利用率评分标准　　单位：分

级别	草质状况	分值
1级	草质好、叶量大，草丛高度30cm以下，利用率≥60%	10～15
2级	草质一般，草丛高度30～80cm，30%≤利用率<60%	6～9
3级	草质粗糙、叶量少，草丛高度80cm以上，利用率<30%	0～5

A.6　天然草地牧草饲用价值评价方法

通过对天然草地牧草的适口性、营养价值、耐牧性、利用率进行综合评价打分，确定牧草的饲用价值评价结果，评价指标见表A.5。

表A.5　天然草地牧草饲用价值评价指标

	得分总和	评价结果
1	T≥80	优等
2	60≤T<80	良等
3	40≤T<60	中等
4	20≤T<40	低等
5	T<20	劣等

注：T表示得分总和。

附录B
（规范性）
天然草地牧草饲用价值野外快速评定分等

B.1 优等牧草

学名	中文名
Astragalus bhotanensis	地八角
Axonopus compressus	地毯草
Bromus inermis	无芒雀麦
Dactylis glomerata	鸭茅
Fagopyrum dibotrys	金荞麦
Festuca ovina	羊茅
Festuca rubra	紫羊茅
Glycine soja	野大豆
Lotus corniculatus	百脉根
Medicago lupulina	天蓝苜蓿
Paspalum dilatatum	毛花雀稗
Paspalum thunbergii	雀稗
Poa annua	草熟禾
Poa pratensis	草地早熟禾
Pueraria lobata	野葛
Trifolium pratense	红三叶
Trifolium repens	白三叶
Vicia sepium	野豌豆
Plantago asiatica	车前
Polypogon fugax	棒头草
Setaria glaucu	金色狗尾草
Roegneria kamoji	鹅观草
Paspalum paspaloides	双穗雀稗

B.2 良等牧草

学名	中文名
Albizia julibrissin	合欢
Alternanthera philoxeroides	莲子草
Amorpha fruticosa	紫穗槐
Anaphalis flavescens	清明菜
Anredera cordifolia	落葵薯
Artemisia sieversiana	白蒿
Arthraxon hispidus	荩草
Arthraxon prionodes	矛叶荩草
Arundinella hookeri	西南野古草
Bauhinia brachycarpa	鞍叶羊蹄甲
Bauhinia purpurea	羊蹄甲
Bothriochloa ischaemum	白羊草
Bupleurum marginatum	竹叶柴胡
Calystegia sepium	篱打碗花
Capillipedium parviflorum	细柄草
Chenopodium album	藜
Commelina communis	鸭跖草
Cynodon dactylon	狗牙根
Desmodium sequax	长波叶山蚂蝗
Eragrostis ferruginea	知风草
Eragrostis nigra	黑穗画眉草
Eragrostis pilosa	画眉草
Eremochloa ophiuroides	假俭草
Eremochloa zeylanica	马陆草
Fagopyrum gracilipes	细柄野荞麦
Fallopia multiflora	何首乌
Galinsoga parviflora	牛膝菊
Galium aparine	猪殃殃
Ischaemum indicum	纤毛鸭嘴草
Ixeris sonchifolia	抱茎苦荬菜
Kalimeris indica	马兰

（续表）

学名	中文名
Kochia scoparia	地肤
Nasturtium officinale	豆瓣菜
Nicandra physaloides	假酸浆
Orychophragmus violaceus	诸葛菜
Polygonum aviculare	萹蓄
Polygonum nepalense	尼泊尔蓼
Roegneria kamoji	鹅观草
Rumex acetosa	酸模
Setaria viridis	狗尾草
Sonchus oleraceus	苦苣菜
Sophora davidii	白刺花
Sporobolus fertilis	鼠尾粟
Youngia japonica	黄鹌菜
Microstegium ciliatum	刚莠竹
Pennisetum flaccidum	白草
Stellaria media	繁缕
Taraxacum mongolicum	蒲公英
Urtica fissa	荨麻

B.3 中等牧草

学名	中文名
Arundinella bengalensis	密序野古草
Arundinella anomala	野古草
Arundinella setosa	刺芒野古草
Bothriochloa intermedia	臭根子草
Broussonetia kazinoki	楮
Calamagrostis epigeios	拂子茅
Campylotropis macrocarpa	杭子梢
Chrysopogon aciculatus	竹节草
Conyza canadensis	小飞蓬
Cymbopogon caesius	青香茅
Cymbopogon goeringii	桔草

（续表）

学名	中文名
Debregeasia longifolia	长叶水麻
Deyeuxia arundinacea	野青茅
Eleusine indica	牛筋草
Eremopogon delavayi	旱茅
Erigeron annuus	一年蓬
Eulalia pallens	白健秆
Eulalia quadrinervis	四脉金茅
Eulalia speciosa	金茅
Eulaliopsis binata	拟金茅
Hemeda japonica	黄背草
Heteropogon contortus	黄茅
Imperata cylindrica	白茅
Leonurus artemisia	益母草
Lespedeza bicolor	胡枝子
Lonicera japonica	金银花
Miscanthus floridulus	五节芒
Miscanthus sinensis	芒
Neyraudia reynaudiana	类芦
Paederia scandens	鸡矢藤
Pennisetum alopecuroides	狼尾草
Pharbitis purpurea	圆叶牵牛
Pogonatherum paniceum	金发草
Pyracantha fortuneana	火棘
Rhus chinensis	盐肤木
Rottboellia cochinchinensis	筒轴茅
Saccharum arundinaceum	斑茅
Scirpus triqueter	水蔗草
Setaria palmifolia	棕叶狗尾草
Themeda caudat	苞子草
Themeda japonica	黄背草
Triarrhena sacchariflora	荻
Veronic persica	阿拉伯婆婆纳
Vitis heyneana	毛葡萄
Catsia tora	决明子

B.4　低等牧草

学名	中文名
Acanthopanax trifoliatus	白簕
Arctium lappa	牛蒡
Berberis diaphana	三颗针
Berberis poiretii	细叶小檗
Buddleja officinalis	密蒙花
Cotoneaster horizontalis	平枝栒子
Duchesnea indica	蛇莓
Ficus tikoua	地果
Hypericum kouytchense	贵州金丝桃
Lyonia ovalifolia	小果珍珠花
Potentilla fulgens	西南委陵菜
Sanguisorba officinalis	地榆
Senecio scandens	千里光
Xanthium sibiricum	苍耳

B.5　劣等牧草

学名	中文名
Arisaema erubescens	一把伞南星
Atropa belladonna	颠茄
Clerodendrum bungei	臭牡丹
Coriaria nepalensis	马桑
Cyclobalanopsis gracilis	细叶青冈
Gleichenia linearis	芒萁
Eupatorium adenophora	紫茎泽兰
Eupatorium odoratum	飞机草
Euphorbia helioscopia	泽漆
Ranunculus sieboldii	扬子毛茛

附录C
（规范性）
天然草地等级综合评定表

表C.1　天然草地等级综合评定

<table>
<tr><td colspan="7">所在行政区：　　　　　县（市、区、特区）　　　　乡（镇、街道）　　　　村（社区）</td></tr>
<tr><td colspan="7">东经（度、分、秒）：　　　　北纬（度、分、秒）：　　　　海拔（m）：
面积（m^2）：　　　　坡度（°）：</td></tr>
<tr><td colspan="7">评定时间：</td></tr>
<tr><td colspan="7">评定人：</td></tr>
<tr><td colspan="2" rowspan="2">等级组合</td><td>高产</td><td colspan="2">中产</td><td colspan="2">低产</td></tr>
<tr><td>1级</td><td>2级</td><td>3级</td><td>4级</td><td>5级</td></tr>
<tr><td>优质</td><td>Ⅱ等</td><td>Ⅱ1</td><td>Ⅱ2</td><td>Ⅱ3</td><td>Ⅱ4</td><td>Ⅱ5</td></tr>
<tr><td>中质</td><td>Ⅲ等</td><td>Ⅲ1</td><td>Ⅲ2</td><td>Ⅲ3</td><td>Ⅲ4</td><td>Ⅲ5</td></tr>
<tr><td rowspan="2">低质</td><td>Ⅳ等</td><td>Ⅳ1</td><td>Ⅳ2</td><td>Ⅳ3</td><td>Ⅳ4</td><td>Ⅳ5</td></tr>
<tr><td>Ⅴ等</td><td>Ⅴ1</td><td>Ⅴ2</td><td>Ⅴ3</td><td>Ⅴ4</td><td>Ⅴ5</td></tr>
</table>

ICS 65.020.30
CCS B 43

DB52

贵 州 省 地 方 标 准

DB52/T 1811—2024

关岭牛育肥技术规程

Technical regulations for fattening Guanling cattle

2024-05-15 发布　　2024-07-01 实施

贵州省市场监督管理局　发布

前　言

本文件按照GB/T 1.1—2020《标准化工作导则　第1部分：标准化文件的结构和起草规则》的规定起草。

请注意本文件的某些内容可能涉及专利，本文件的发布机构不承担识别这些专利的责任。

本文件由贵州省畜禽遗传资源管理站提出。

本文件由贵州省农业农村厅归口。

本文件起草单位：贵州省畜禽遗传资源管理站、贵州省草地技术试验推广站、贵州省畜牧兽医研究所、安顺市草地工作站、关岭布依族苗族自治县草地畜牧业发展中心。

本文件主要起草人：张明均、张涛、周定勇、雷荷仙、雷会义、何仕荣、何玲、杨廷韬、杨红文、杨丰、徐龙鑫、刘镜、刘霜云、任明晋、翁吉梅、陈秀华、王松、申李、樊莹、李维、郑英华、韩改苗、郭燕平、邱荣军、周安详、涂小英、周迪、王应芬、左相兵、韦金华、袁超。

关岭牛育肥技术规程

1　范围

本文件规定了关岭牛育肥的养殖环境要求、饲养条件、育肥牛源、育肥前准备、育肥、饲养管理、疾病防控、无害化处理和档案管理等内容。

本文件适用于关岭牛育肥。

2　规范性引用文件

下列文件中的内容通过文中的规范性引用而构成本文件必不可少的条款。其中，注日期的引用文件，仅该日期对应的版本适用于本文件；不注日期的引用文件，其最新版本（包括所有的修改单）适用于本文件。

GB 3095　环境空气质量标准

GB 13078　饲料卫生标准

GB 15618　土壤环境质量　农用地土壤污染风险管控标准（试行）

GB 18596　畜禽养殖业污染物排放标准

NY/T 388　畜禽场环境质量标准

NY/T 682　畜禽场场区设计技术规范

NY/T 1952　动物免疫接种技术规范

NY/T 3075　畜禽养殖场消毒技术

NY 5027　无公害食品　畜禽饮用水水质

NY/T 5030　无公害农产品　兽药使用准则

NY 5032　无公害食品　畜禽饲料和饲料添加剂使用准则

NY 5339　无公害农产品　畜禽防疫准则

DB52/T 1301　关岭牛

DB52/T 1475　关岭牛饲养管理技术规程

饲料添加剂安全使用规范（中华人民共和国农业部第2625号）

病死及病害动物无害化处理技术规范（中华人民共和国农业部〔2017〕25号）

兽药质量标准（中华人民共和国农业部〔2017〕2513号）

3　术语和定义

DB52/T 1301和DB52/T 1475界定的以及下列术语和定义适用于本文件。

3.1 育肥

按照育肥牛营养需要，提供充分满足其营养需要的饲草料，使其生长速度达到最佳状态，缩短出栏时间，达到屠宰要求的养殖过程。

3.2 育肥期

通过饲养育肥达到出栏标准的养殖时间。

4 养殖环境要求

4.1 育肥场环境

育肥场环境质量符合NY/T 388的要求，空气质量符合GB 3095的规定，土壤质量符合GB 15618的规定，防疫条件满足NY/T 5339的要求。

4.2 场址选择

4.2.1 选择地势高燥、坡度较缓、水源充足、电力稳定、交通便利，并配套一定饲草地，符合本地区农牧业生产、土地的利用、城乡建设和环境保护发展规划要求。

4.2.2 育肥舍建设应符合NY/T 682的要求，具体技术参数见附录A。

5 育肥条件

5.1 饲料

5.1.1 饲料质量安全

饲料卫生符合GB 13078的规定，饲料添加剂符合《饲料添加剂安全使用规范》和NY 5032的规定。

5.1.2 饲草料种类

分为粗饲料、精料补充料。其中，粗饲料包括但不限于青饲料、干草、秸秆、发酵酒糟、青贮料及农副产品；精料补充料由玉米、豆粕、糠麸等原料配合而成。主要饲草料种类营养成分见附录B。

5.2 饮用水水质

应符合NY 5027的要求。

5.3 人员要求

应符合DB52/T 1475的要求。

6 育肥牛源

6.1 犊牛

选择体况良好、健康正常的非种用犊牛。

6.2 架子牛

选择体重在150kg以上的牛只或体成熟后还未达到标准出栏体重的成年牛（不超过

36月龄），未经育肥且体重和膘情未达到屠宰标准的牛。

6.3 成年牛

选择体格发育停滞未达到出栏标准体重的成年牛、役用牛、淘汰母牛。应挑选体格较大、前躯开阔、后躯发达、腹部充盈、身体健康的牛，不宜选择过老、采食困难的牛。

7 育肥前准备

7.1 入舍前7d，对圈舍及配套设施进行全面清理和消毒，消毒按本文件10.2要求执行。

7.2 育肥前3d，对牛群进行驱虫、健胃、称重后，按体重、年龄及营养状况分组、编号。

7.3 外购牛只入舍前先隔离观察30d，并做好称重、编号、驱虫工作，按体重、性别组群做好记录，确认健康无病后方可进场。

8 育肥

8.1 育肥方式

舍饲育肥。

8.2 犊牛育肥

采用直线育肥法。从5周龄开始，精料补充料饲喂量由0.1kg/d逐渐增加到180d后的2kg/d以上，精料补充料蛋白质水平12%～14%，精料补充料日饲喂量按体重的1.0%～1.2%计算，精粗比1∶1或1.2∶1，分群饲养。体重250kg以上后，采取拴系或限位饲喂，蛋白质水平调整至8%～10%，精料补充料日喂量按体重的1.4%，精粗比2∶1。

8.3 架子牛育肥

犊牛断奶后，选择体重在150kg以上的牛，经过120～180d高强度育肥后体重达到430kg以上的出栏体重。育肥初期1～15d，精粗饲料比为4∶6；育肥中期16～120d，精粗饲料比为6∶4，精料补充料可按体重的0.8%～1%供给；育肥后期121～180d，精粗饲料比为8∶2，精料补充料也可按体重的0.8%～1.2%供给。

8.4 成年牛育肥

育肥前，应进行全面检查。育肥期2～3个月，第一阶段5～7d，主要是调教牛上槽；第二阶段10～12d，在恢复体况基础上逐渐增加配合饲料；第三阶段13d至出栏，应及时按增膘程度调整日粮。日粮精粗比从6∶4调整到7∶3，干物质占牛体重的2%～2.8%，精料补充料每日2.2～2.5kg/头。

9 饲养管理

参照DB52/T 1475执行，体重达430kg以上出栏。

10 疫病防控

10.1 免疫

正确保存和使用疫苗，按NY/T 1952进行免疫接种，牛进入育肥场15d后无任何不良反应按照附录C进行免疫，免疫程序参见附录C。

10.2 消毒

按NY/T 3075执行。

10.3 治疗

兽药质量应符合《兽药质量标准》规定。兽药使用应按NY/T 5030执行，不应使用过期、违禁药品。

10.4 疫情报告

发生疫情应及时上报动物防疫部门，并迅速采取隔离等控制措施，防止疫情扩散。

11 无害化处理

11.1 病死牛处理

病死或死因不明的牛，按《病死及病害动物无害化处理技术规范》相关规定执行。

11.2 粪污处理

应符合GB 18596的规定，通过干湿分离、发酵等方式将养殖场粪污肥料化、能源化开发利用等无害化处理方式提高粪污利用率。

11.3 兽用医疗废弃物处理

感染性、药物性、化学性废弃物应按照国家或地方法规的要求定期交给有资质的单位进行处置，损伤性废弃物应在高温灭菌或化学消毒后丢弃。

12 档案管理

档案保存期限参照DB52/T 1475的规定执行。

附录A
（规范性）
关岭牛育肥场牛舍建设技术参数

关岭牛育肥场牛舍建设技术参数见表A.1。

表A.1 关岭牛育肥场牛舍建设技术参数

结构	舍脊高（m）	舍檐高（m）	牛床			饲料通道（m）	清粪通道（m）	粪尿沟	
			长（m）	宽（m）	坡度（%）			宽（cm）	深（cm）
钢架	4.0～5.0	2.5～3.5	1.6～2.0	1.0～1.4	1.5～2.0	2.5～3.0	1.5～2.0	35～40	10～15

附录B
（资料性）
关岭牛主要粗饲料种类及营养成分

关岭牛主要粗饲料种类及营养成分见表B.1。

表B.1　关岭牛主要粗饲料种类及营养成分

种类	干物质（%）	消化能（MJ/kg）	净能（MJ/kg）	粗蛋白（%）	粗脂肪（%）	粗纤维（%）	粗灰分（%）	无氮浸出物（%）	钙（%）	磷（%）
苜蓿干草	88.7	8.64	3.13	11.6	1.2	43.3	7.6	25	1.25	0.23
甜高粱	89.3	8.7	7.08	8.7	3.3	2.2	2.2	72.9	0.09	0.31
杂交狼尾草	27	—	3.54	15.48	1.74	17.78	9.91	41.11	0.67	0.19
玉米秸秆	89	6.48	2.81	6.6	1.0	27.7	9.0	55.8	—	—
酒糟（发酵）	32.5	12.89	8.05	19	10.5	11	3.4	55.7	—	—
豆渣	11	16.09	8.49	30	7.3	19.1	3.6	40	0.45	0.27

附录C
（规范性）
关岭牛免疫程序

关岭牛免疫程序见表C.1。

表C.1 关岭牛免疫程序

年龄	预防疫病	疫苗（菌苗）名称	接种方法	备注
3月龄	口蹄疫	口蹄疫O-H灭活疫苗	按使用说明书操作	免疫期6个月
	牛传染性结节病	用山羊痘弱毒疫苗	按使用说明书5倍剂量操作	免疫期1年
9月龄	口蹄疫	口蹄疫O-H灭活疫苗	按使用说明书操作	免疫期6个月
15月龄	口蹄疫	口蹄疫弱毒苗	按使用说明书操作	免疫期6个月
	牛传染性结节病	用山羊痘弱毒疫苗	按使用说明书5倍剂量操作	免疫期1年
21月龄	口蹄疫	口蹄疫弱毒苗	按使用说明书操作	免疫期6个月
成年牛	口蹄疫	口蹄疫弱毒苗	按使用说明书操作	免疫期6个
	牛传染性结节病	用山羊痘弱毒疫苗	按使用说明书5倍剂量操作	免疫期1年

ICS 65.020.30
CCS B 40

DB52

贵 州 省 地 方 标 准

DB52/T 1812—2024

关岭牛架子牛饲养技术规程

Technical regulations for cattle feeding on Guanling cattle rack

2024-05-15 发布　　2024-07-01 实施

贵州省市场监督管理局　发布

前 言

本文件按照GB/T 1.1—2020《标准化工作导则　第1部分：标准化文件的结构和起草规则》的规定起草。

请注意本文件的某些内容可能涉及专利，本文件的发布机构不承担识别这些专利的责任。

本文件由贵州省畜禽遗传资源管理站提出。

本文件由贵州省农业农村厅归口。

本文件起草单位：贵州省畜禽遗传资源管理站、安顺市畜牧技术推广站、贵州省草地技术试验推广站、贵州现代生物公司、贵州省动物疫病预防控制中心、贵州省标准化院、贵州省种畜禽种质测定中心、贵州省畜牧兽医研究所、关岭布依族苗族自治县草地畜牧业发展中心。

本文件主要起草人：翁吉梅、申李、伍官灵、封竣淇、何仕荣、陈仕宇、韩改苗、涂小英、金楷洋、张明均、杨红文、龚俞、张双翔、岳筠、王涵钰、吴玙彤、胡东升、陈卓、陈立仙、杨丰、王松、周迪、袁超、刘巧玲、樊莹、李维、王应芬、左相兵。

关岭牛架子牛饲养技术规程

1　范围

本文件规定了关岭牛架子牛养殖环境要求、饲养条件、饲养管理、疫病防控、兽药使用、无害化处理、养殖档案管理等内容。

本文件适用于关岭牛架子牛饲养管理。

2　规范性引用文件

下列文件中的内容通过文中的规范性引用而构成本文件必不可少的条款。其中，注日期的引用文件，仅该日期对应的版本适用于本文件；不注日期的引用文件，其最新版本（包括所有的修改单）适用于本文件。

GB 3095　环境空气质量标准

GB 13078　饲料卫生标准

GB 15618　土壤环境质量标准

GB 18596　畜禽养殖业污染物排放标准

NY/T 388　畜禽场环境质量标准

NY/T 682　畜禽场场区设计技术规范

NY/T 815　肉牛饲养标准

NY/T 1952　动物免疫接种技术规范

NY 5027　无公害食品　畜禽饮用水水质

NY/T 5030　无公害农产品　兽药使用准则

NY 5032　无公害食品　畜禽饲料和饲料添加剂使用准则

NY/T 5126　无公害农产品　肉牛饲养兽医防疫准则

NY/T 5339　无公害农产品　畜禽防疫准则

DB52/T 1301　关岭牛

DB52/T 1475　关岭牛饲养管理技术规程

饲料添加剂安全使用规范（中华人民共和国农业部第2625号）

病死及病害动物无害化处理技术规范（中华人民共和国农业部〔2017〕25号）

兽药质量标准（中华人民共和国农业部〔2017〕2513号）

3　术语和定义

DB52/T 1301和DB52/T 1475界定的以及下列术语和定义适用于本文件。

3.1

架子牛

未经育肥或达不到屠宰体况的牛。

4 养殖环境要求

4.1 牛场环境

养殖场环境质量符合NY/T 388的要求，空气质量符合GB 3095的规定，土壤质量符合GB 15618的规定，防疫条件满足NY/T 5339的要求。

4.2 场址选择

选择地势高燥、坡度较缓，水源充足、电力稳定，交通便利，并配套一定饲草地，符合本地区农牧业生产、土地利用、城乡建设和环境保护发展规划要求。牛舍建设应符合NY/T 682的要求。

5 饲养条件

5.1 饲料

5.1.1 饲料质量安全

饲料卫生符合GB 13078的规定，饲料添加剂符合《饲料添加剂安全使用规范》和NY 5032的规定。

5.1.2 饲料种类

分为粗饲料、精料补充料。粗饲料包括但不限于青饲料、干草、秸秆、发酵酒糟、青贮料；精料补充料由玉米、豆粕、糠麸等原料配合而成。常用饲草料种类及营养成分参见附录A，精料补充料主要饲料原料营养价值见附录B。

5.2 饮水

符合NY 5027的要求。

5.3 人员要求

应符合DB52/T 1475的要求。

6 饲养管理

6.1 选择与隔离

6.1.1 架子牛应从具有畜牧兽医主管部门核发的《种畜禽生产经营许可证》和《动物防疫合格证》的牛场购入。

6.1.2 隔离场内隔离观察30d，确认无异常情况后，转入饲养场。

6.2 饲养方式

按照年龄、体重、性别分群舍饲或放牧饲养（群体体重差异≤20kg）。

a）舍饲：采用舍饲拴系饲喂，每天上午、下午定时饲喂粗饲料和精料补充料，按照先喂粗饲料，后喂精料补充料的方式，精料补充料按体重的0.8%～1%供给，不同体重架子牛舍饲饲养精料补充料推荐配方见附录C。

b）放牧：牧草旺盛季节，早上放牧，晚上补精料补充料，按体重的0.8%～1%供给。枯草季节，早上放牧，晚上需补充粗饲料和精料补充料，粗饲料补充8～10kg/头，精料补充料按体重的0.8%～1%供给。

6.3 饲养要求

架子牛阶段的饲养主要是保证骨骼发育正常，日增重保持在0.4～0.6kg，日粮配合按照NY/T 815执行，公犊牛须在6月龄时去势。定期称重，并根据情况调整饲料配方，避免形成僵牛。每天刷拭牛体1次。冬、春季节进行体内和体外驱虫，药物符合NY/T 5030的要求。

7 疫病防控

7.1 消毒净化

参照DB52/T 1475要求执行。

7.2 免疫接种

7.2.1 正确保存和使用疫苗，按NY/T 1952进行免疫接种，免疫程序参见附录D。

7.2.2 发生疫病的控制和扑灭参照NY/T 5126执行。

8 兽药使用

兽药质量应符合《兽药质量标准》的规定。兽药使用应按NY/T 5030的要求使用，不应使用过期、违禁药品。

9 无害化处理

9.1 病死牛处理

病死或死因不明的牛，按《病死及病害动物无害化处理技术规范》相关规定执行。

9.2 废弃物处理

应符合GB 18596的规定，通过干湿分离、发酵等方式将养殖场粪污肥料化、饲料化、能源化开发利用等无害化处理方式提高粪污利用率。

10 养殖档案

参照DB52/T 1475的规定执行。

附录A
（资料性）
关岭牛常用饲草料种类及营养成分

关岭牛常用饲草料种类及营养成分见表A.1。

表A.1 关岭牛常用饲草料种类及营养成分

种类	干物质（%）	消化能（MJ/kg）	净能（MJ/kg）	粗蛋白（%）	粗脂肪（%）	粗纤维（%）	粗灰分（%）	无氮浸出物（%）	钙（%）	磷（%）
苜蓿干草	88.7	8.64	3.13	11.6	1.2	43.3	7.6	25	1.25	0.23
甜高粱	89.3	8.7	7.08	8.7	3.3	2.2	2.2	72.9	0.09	0.31
皇竹草	27	—	3.54	15.48	1.74	17.78	9.91	41.11	0.67	0.19
玉米秸秆	89	6.48	2.81	6.6	1.0	27.7	9.0	55.8	—	—
酒糟（发酵）	32.5	12.89	8.05	19	10.5	11	3.4	55.7	—	—
豆渣	11	16.09	8.49	30	7.3	19.1	3.6	40	0.45	0.27

附录B
（资料性）
精料补充料主要饲料原料营养价值

精料补充料主要饲料原料营养价值见表B.1。

表B.1　精料补充料主要饲料原料营养价值

种类	干物质（%）	粗蛋白（%）	粗脂肪（%）	粗纤维（%）	粗灰分（%）	钙（%）	总磷（%）
玉米	87.46	8.01	3.35	2.56	1.19	0.02	0.22
稻谷	86	7.23	2.28	11.14	3.78	0.03	0.36
碎米	88	8.46	1.8	1.39	1.39	0.06	0.35
米糠粕	91.35	16.07	3.52	12.75	11.51	0.22	0.22
小麦	89.71	13.23	1.53	2.5	1.67	0.06	0.21
次粉	88.56	14.59	2.54	4.35	2.42	0.06	0.44
小麦麸皮	89.57	17.17	2.66	8.57	5.36	0.09	0.81
高粱	87.91	9.27	1.93	3.4	1.55	0.06	0.27
豆粕（43）	89.49	43.82	1.05	5.2	5.86	0.39	0.66
菜籽饼	92.4	36.13	9.19	16.73	6.72	0.68	0.99
干白酒糟	92.6	22.99	5.1	12.3	7	0.55	0.43

附录C
（资料性）
不同体重架子牛舍饲饲养精料补充料推荐配方

不同体重架子牛舍饲饲养精料补充料推荐配方见表C.1。

表C.1　不同体重架子牛舍饲饲养精料补充料推荐配方

体重（kg）	150～200	200～350	≥430
推荐精料营养水平	粗蛋白≥15%、粗纤维≤15%、粗灰分≤15%、钙0.7%～2.0%、磷≥0.3%、氯化钠0.5%～2.0%、赖氨酸≥0.5%、综合净能≥5.06MJ/kg	粗蛋白≥13%、粗纤维≤15%、粗灰分≤15%、钙0.7%～2.0%、磷≥0.3%、氯化钠0.5%～2.0%、赖氨酸≥0.5%、综合净能≥5.71MJ/kg	粗蛋白≥10%、粗纤维≤15%、粗灰分≤15%、钙0.5%～2.0%、磷≥0.3%、氯化钠0.5%～2.0%、赖氨酸≥0.3%、综合净能≥5.92MJ/kg
参考配方	玉米16%、碎米20%、小麦15%、玉米DDGS 15%、干白酒糟1%、次粉10%、小麦麸皮8%、米糠粕5%、大豆粕（43）4%、磷酸氢钙1%、石粉2%、碳酸氢钠1%、食盐1%、犊牛预混料（黄牛）1%	玉米23%、稻谷10%、高粱10%、干白酒糟15%、次粉15%、小麦麸皮10%、米糠粕8%、菜籽饼3%、磷酸氢钙1%、石粉2%、碳酸氢钠1%、食盐1%、犊牛预混料（黄牛）1%	玉米7%、稻谷20%、高粱20%、次粉25%、米糠粕15%、小麦麸皮6%、磷酸氢钙0.7%、石粉1.7%、碳酸氢钠2%、食盐1%、犊牛预混料（黄牛）1%
特殊原料推荐比例	糙米≤20%、小麦≤15%、玉米DDGS≤15%、干白酒糟≤1.5%、次粉≤15%、小麦麸皮≤10%、米糠粕≤10%	稻谷≤10%、高粱≤10%、干白酒糟≤15%、次粉≤15%、小麦麸皮≤10%、米糠粕≤10%、菜籽饼≤8%	稻谷≤25%、高粱≤20%、干白酒糟≤15%、次粉≤30%、小麦麸皮≤15%、米糠粕≤15%、菜籽饼≤15%
精粗比例	4：6	6：4	8：2

附录D
（规范性）
免疫程序

免疫程序见表D.1。

表D.1　免疫程序

年龄	预防疫病	疫苗（菌苗）名称	接种方法	备注
9月龄	口蹄疫	口蹄疫O-H灭活疫苗	按使用说明书操作	免疫期6个月
15月龄	口蹄疫	口蹄疫弱毒苗	按使用说明书操作	免疫期6个月
	牛传染性结节病	用山羊痘弱毒疫苗	按使用说明书5倍剂量操作	免疫期1年
21月龄	口蹄疫	口蹄疫弱毒苗	按使用说明书操作	免疫期6个月
成年牛	口蹄疫	口蹄疫弱毒苗	按使用说明书操作	免疫期6个
	牛传染性结节病	用山羊痘弱毒疫苗	按使用说明书5倍剂量操作	免疫期1年

ICS 65.020.30
B 43

DB52

贵 州 省 地 方 标 准

DB52/T 1475—2019

关岭牛饲养管理技术规程

Technical regulation for management and feeding of Guanling cattle

2019-12-31 发布 2020-06-01 实施

贵州省市场监督管理局 发布

前 言

本标准按照GB/T 1.1—2009《标准化工作导则　第1部分：标准的结构和编写》给出的规则起草。

本标准由贵州省农业农村厅提出并归口。

本标准起草单位：贵州省畜禽遗传资源管理站、贵州省种畜禽种质测定中心、安顺市畜牧技术推广站、关岭县畜牧技术推广站。

本标准主要起草人：龚俞、张芸、李波、李雪松、宋汝谋、杨红文、刘青、张正群、刘玉祥、张立、樊莹、沈德林、黎恒铭、杨齐心、刘嘉、李维、张游宇、廖中华、唐明艳、侯萍、任丽群、王燕、龙向华。

关岭牛饲养管理技术规程

1　范围

本标准规定了关岭牛饲养管理技术的牛场建设、人员要求、引种与留种、饲养管理、疫病防控、运输、病（死）牛及废弃物处理、档案管理。

本标准适用于关岭牛养殖场、养牛合作社及养殖户等。

2　规范性引用文件

下列文件对于本文件的应用是必不可少的。凡是注日期的引用文件，仅所注日期的版本适用于本文件。凡是不注日期的引用文件，其最新版本（包括所有的修改单）适用于本文件。

GB 4143　牛冷冻精液

GB 18596　畜禽养殖业污染物排放标准

NY/T 388　畜禽场环境质量标准

NY 5027　无公害食品　畜禽饮用水水质

NY/T 5030　无公害农产品　兽药使用准则

NY 5126　无公害食品　肉牛饲养兽医防疫准则

NY/T 5128　无公害食品　肉牛饲养管理准则

DB52/T 1301　关岭牛

3　术语和定义

下列术语和定义适用于本标准。

3.1

关岭牛

关岭牛主产于贵州省西南部关岭县，分布于镇宁、紫云、西秀、水城、盘州、兴仁、贞丰等19个县（区）。毛色大多以黄色为主，少数有褐色或黑色，眼圈、唇周围、下腹及四肢内侧毛色一般较淡。头中等大小，额宽平，鼻镜宽大，口方平齐，角短。属肉役兼用品种，善爬山，适应陡坡梯田耕作和劳役。

3.2

净道

牛群周转、人员行走、运送饲料的专用道路。

3.3

污道

病畜及粪便等废弃物的专用道路。

4　牛场建设

4.1　选址

4.1.1　牛场用地应符合国家法律法规和当地县级政府土地使用规划规定。

4.1.2　牛场应建在地势高燥、背风向阳、地下水位较低、地势平坦的地方。不得在禁养区建场，牛场环境应符合NY/T 388的要求。

4.1.3　新建场址应符合NY/T 5128的卫生防疫要求。

4.1.4　场址水源充足，水质应符合NY 5027的要求，排水通畅，供电可靠。

4.2　建筑布局

4.2.1　牛场包括生活区、管理区、生产区、粪污处理区和隔离观察区。

4.2.2　场内净道和污道分开，场区周围设隔离带。

4.2.3　牛场门口设置消毒池，生产区门口设更衣室、消毒室，消毒室按单向进出的要求设计，进出场区人员及车辆严格消毒。

4.3　牛舍建设

4.3.1　牛舍分为公牛舍、母牛舍、产房、保育舍和育肥舍。牛舍要求干燥、通风、采光良好、冬暖夏凉。

4.3.2　牛舍檐高不低于3.0m，长、宽根据牛场规模而定，每头牛栏舍面积参照表1。公牛舍、母牛舍外设运动场。

表1　每头牛栏舍面积（舍内面积）

牛群	每头占栏面积（m^2）	每栏建议饲养头数（头）	备注
种公牛	10～12	1	外设运动场
后备（空怀）母牛	5～8	5～10	外设运动场
哺乳（带犊）母牛	8～10	3～4	带保温设施、外设运动场
妊娠母牛	4～5	8～10	外设运动场
育肥牛	2～4	10～15	拴系或散栏

4.4　环境卫生

牛舍、环境每周清洗消毒一次，保持牛舍清洁卫生。牛场的污水、污物处理应符合国家环保要求，污染物排放应符合GB 18596的规定。

5 人员要求

5.1 养殖人员身体健康，定期进行健康检查；工作人员进入生产区应更换工作服和工作鞋，用0.1%新洁尔灭进行消毒。

5.2 场内兽医人员不得对外诊疗动物疫病。

5.3 保持饲养管理人员的相对稳定。

6 引种与留种

6.1 种牛应从具有《种畜生产经营许可证》和《动物防疫合格证》的种牛场引进。

6.2 引进的种牛，隔离观察45d，检疫合格后，方可供繁殖使用。

6.3 不得从疫区引进牛。

6.4 自留的后备种牛生长性能良好，体型外貌符合品种特征。

7 饲养管理

7.1 种公牛饲养管理

7.1.1 种公牛选择

7.1.1.1 应符合DB52/T 1301的规定。

7.1.1.2 具有典型的品种特性，一级以上。

7.1.2 饲养管理

7.1.2.1 种公牛每天干物质采食量为体重的2.0%～2.2%，其中精料为体重的0.5%～0.8%，日喂2次。自由饮水，水质应符合NY 5027的要求。

7.1.2.2 种公牛的初配年龄为18月龄以上，体重不低于成年体重的70%。

7.1.2.3 每天应清扫圈舍两次，刷拭牛体一次，保持圈舍和牛体的清洁卫生；冬季保温，夏季做好防暑降温。

7.1.2.4 每季根据交配母牛数、母牛受胎情况评估公牛的繁殖状况，不能使用的公牛及时淘汰。

7.1.3 精液检查

应符合GB 4143的规定。

7.2 种母牛饲养管理

7.2.1 种母牛选择

7.2.1.1 应符合DB52/T 1301的要求。

7.2.1.2 具有典型的品种特性，二级以上。

7.2.2 后备母牛饲养管理

7.2.2.1 饲养

根据母牛年龄、体重、体况分群饲养。每天干物质采食量为体重的2%～3%，其中精料为体重的0.3%～0.5%。

7.2.2.2　初配月龄

母牛18～20月龄，体重达到成年体重70%以上。

7.2.3　妊娠母牛饲养管理

7.2.3.1　做好配种记录。

7.2.3.2　配种后18～23d，观察母牛是否妊娠，发现返情及时复配。

7.2.3.3　每天干物质采食量为体重的2.3%～2.7%。妊娠期逐渐增加精料的饲喂量，从前期0.3%增加到后期0.5%。

7.2.3.4　产前2周调入产房，并对产房和牛体进行喷雾消毒，消毒剂可采用0.1%新洁尔灭或0.3%过氧乙酸等。产房地面垫料，保持干燥安静。

7.2.4　哺乳母牛饲养管理

7.2.4.1　母牛分娩后应立即给母牛饮温麸皮汤。一般用温水10kg，加麸皮0.5kg，食盐5g，红糖250g。饲料喂量由少到多，每天干物质采食量为体重的2.0%～3.0%，其中精料喂量为体重的0.5%～1.0%。

7.2.4.2　对少乳的母牛，在日粮中适当增加精料和青绿多汁饲料。

7.2.4.3　保持环境安静，避免外界刺激。

7.2.5　空怀母牛饲养管理

7.2.5.1　每天干物质采食量为体重的2.0%～2.5%，其中精料喂量为体重的0.2%～0.3%。

7.2.5.2　根据母牛体况分栏饲养，每栏饲养5～8头，对于体况较差的母牛，每天每头增加精料1.0kg。

7.3　配种

采用人工授精或自然交配。

7.4　犊牛饲养管理

7.4.1　新生犊牛护理

7.4.1.1　犊牛出生后，应清除口腔和鼻腔的黏液。若犊牛已将黏液吸入而造成呼吸困难时，可握住两后肢倒提犊牛，拍打其背部，使黏液排出。

7.4.1.2　犊牛呼吸正常后，接产人员要及时处理犊牛脐带。犊牛的脐带会自然扯断，若自然未断，应人工断脐，用消毒剪刀在距腹部6～8cm处剪断，将脐带中的血液和黏液挤净，用碘伏浸泡，待其自然脱落。

7.4.1.3　犊牛出生后应及时哺育初乳，若母牛产后生病死亡，可由同期分娩的其他健康母牛代哺。在没有同期分娩母牛初乳的情况下，也可喂给常乳，但每天应补饲20mL鱼肝油，另给50mL植物油以代替初乳的轻泻作用。

7.4.2　犊牛饲养

7.4.2.1　犊牛采用自然或人工哺乳，哺乳期为5～6个月。

7.4.2.2 犊牛出生7~10d，训练采食优质青、干草；15日龄开始诱导采食精料，初期喂10~20g粥状饲料；30日龄后每日补饲配合饲料增至300~500g；60日龄至断奶逐渐增加喂量，精料分早、中、晚三次补给。

7.4.2.3 断奶的时间应灵活掌握，当犊牛在5~6月龄时，能采食0.5~1.0kg犊牛料、干草，且能有效反刍时，可以断奶。

7.5 育肥牛的饲养管理

7.5.1 育肥牛每天干物质采食量为体重的2.0%~3.0%。

7.5.2 育肥前期日粮中的精料含量宜逐渐由20%提高至50%，让牛适应精料型日粮。

7.5.3 育肥后期进一步增加精料的比例至日粮的60%~70%，还可通过增加饲喂次数来提高牛的采食量。

7.5.4 每天观察牛群采食、排粪和牛的精神状况，发现问题及时处理。保持走道和圈舍的卫生，每天上午、下午各打扫一次。经常通风换气，空气质量达到NY/T 388的要求。

7.5.5 当育肥牛达到出栏要求时，及时出栏。

7.6 放牧牛饲养管理

7.6.1 有放牧条件的牛场应根据牧草生长情况，有计划地放牧。

7.6.2 母牛、犊牛宜放牧饲养。

7.6.3 负责放牧的饲养员应有较强责任心，注意安全。

7.6.4 放牧时间以早、晚为主，应避开暴晒、暴雨等恶劣天气，必要时根据天气调整放牧时间。

7.6.5 根据采食情况应适当补料。

7.6.6 防止牛过量采食三叶草、紫云英等，不应到刚施肥的草地放牧。

7.6.7 每周检查体表寄生虫1次，必要时对牛群喷雾驱虫。

8 疫病防控

8.1 免疫

根据本地区及肉牛养殖场的疫病发生和流行情况，制定免疫程序并严格执行。国家规定强制免疫的，免疫密度应达到100%。

8.2 兽药使用

应符合NY 5030的要求。

8.3 卫生消毒

8.3.1 选用的消毒剂应符合NY 5126的要求。

8.3.2 每周对饲喂用具、料槽和饲料车等进行消毒，用0.1%新洁尔灭或0.2%~0.5%过氧乙酸等消毒；兽医用具、助产用具、配种用具等在使用前后进行彻底消毒和清洗。

8.3.3 每批牛出栏后，牛舍彻底清扫、消毒，一周后方可重新进牛。

8.3.4　牛舍周围环境每2周用2%烧碱或生石灰等消毒1次；场周围及场内污水池、排粪坑、水道出口每月用漂白粉等消毒1次；进入生产区的车辆应用次氯酸盐或有机碘混合物进行喷雾消毒，消毒池可用3%火碱或煤酚溶液，每周更换两次。

9　运输

按照NY/T 5128中的规定执行。肉牛运输前，需经动物防疫监督机构检疫，并出具检疫证明。运输车辆在使用前后应严格清洗消毒。

10　病死牛及废弃物处理

10.1　不得出售病牛、死牛。
10.2　需要扑杀的病牛，应在指定地点进行，传染病牛尸体要进行无害化处理。
10.3　病牛应隔离饲养、治疗，病愈后归群。
10.4　粪污应进行固、液分离，资源化利用。

11　档案管理

11.1　做好日常生产记录，包括引种、配种、产犊、哺乳、断奶、生长发育、牛群变动、饲料采购与消耗、药品采购与使用、消毒、疾病防治等。
11.2　种牛应有来源、系谱、特征、主要生产性能记录。
11.3　每批出场的牛应有出场牛号、销售记录。
11.4　每个牛群均应有完整的资料记录，所有记录应保存2年以上。

ICS 65.120
CCS B 20

DB52

贵 州 省 地 方 标 准

DB52/T 1810—2024

关岭牛精料补充料配方及制作技术规程

Formulation and technical specification of Guanling cattle concentrate supplement

2024-05-15 发布 2024-07-01 实施

贵州省市场监督管理局 发 布

前　言

本文件按照GB/T 1.1—2020《标准化工作导则　第1部分：标准化文件的结构和起草规则》的规定起草。

请注意本文件的某些内容可能涉及专利，本文件的发布机构不承担识别这些专利的责任。

本文件由贵州省畜禽遗传资源管理站提出。

本文件由贵州省农业农村厅提出并归口。

本文件起草单位：贵州省畜禽遗传资源管理站、贵州省草地技术试验推广站、安顺市畜牧技术推广站、安顺市农业科学院、贵州现代生物公司、贵州省动物疫病预防控制中心、贵州省种畜禽种质测定中心、贵州省畜牧兽医研究所、关岭布依族苗族自治县草地畜牧业发展中心。

本文件主要起草人：申李、翁吉梅、杨林花、封竣淇、黄秀东、陈仕宇、韩改苗、何仕荣、涂小英、金楷洋、杨红文、张明均、龚俞、张双翔、岳筠、王涵钰、吴玙彤、陈立仙、胡东升、陈卓、杨丰、王松、周迪、袁超、樊莹、李维、王应芬、左相兵。

关岭牛精料补充料配方及制作技术规程

1 范围

本文件规定了关岭牛不同生长阶段干物质采食量、主要原料的推荐比例及参考配方，精料补充料制作工艺中原料清理、原料粉碎、配料、质量控制和检验、包装和贮存加工制作方法等。

本文件适用于关岭牛养殖场（户）精料补充料生产。

2 规范性引用文件

下列文件中的内容通过文中的规范性引用而构成本文件必不可少的条款。其中，注日期的引用文件，仅该日期对应的版本适用于本文件；不注日期的引用文件，其最新版本（包括所有的修改单）适用于本文件。

GB/T 5918 饲料产品混合均匀度的测定

GB/T 6432 饲料中粗蛋白的测定 凯氏定氮法

GB/T 6434 饲料中粗纤维的含量测定

GB/T 6433 饲料中粗脂肪的测定

GB/T 6435 饲料中水分的测定

GB/T 6436 饲料中钙的测定

GB/T 6437 饲料中总磷的测定 分光光度法

GB/T 6439 饲料中水溶性氯化物的测定

GB 10648 饲料标签

GB/T 13078 饲料卫生标准

GB/T 18246 饲料中氨基酸的测定

DB52/T 1475 关岭牛饲养管理技术规程

3 术语和定义

DB52/T 1475 界定的以及下列术语和定义适用于本文件。

3.1

精料补充料 supplementary concentrate

为补充以粗饲料、青饲料、青贮饲料为基础的草食家畜的营养，而用多种饲料原料和饲料添加剂按一定比例配制的均匀混合物。主要由能量饲料、蛋白质饲料、矿物质饲料和部分饲料添加剂组成。

4 不同阶段关岭牛精料补充料配方

不同生长阶段关岭牛营养需要、干物质采食量、精料补充料主要原料推荐比例和参考配方见附录A，妊娠母牛和哺乳母牛的营养需要、干物质采食量、精料补充料主要原料推荐比例和参考配方见附录B，精料补充料主要饲料原料营养价值见附录C。

5 精料补充料制作工艺

5.1 原料清理

精料原料接收时通过感官判断其是否霉变、是否含有杂质以及粒度、流散性、口味、气味、手感等物理性质，再通过初清筛、吸风器、溜筛、磁选等去除沙土、杂质及金属。

5.2 原料粉碎

5.2.1 粉碎处理

物料在粉碎后的提升、输送过程中，经磁选设备永磁筒，去除磁性金属杂质后，输送到配料系统的原料仓，用于再次去除磁性金属杂质和防火防爆。

5.2.2 原料粉碎大小

玉米、小麦等粒状谷物用锤片粉碎机，块状饼类用碎饼机，谷物及副产品的粉碎粒度不宜过细，一般用4～6目筛，粉碎后99%通过4目编制筛，粒度较小的粕类一般不粉碎。

5.3 自动配料系统

5.3.1 投料

配方中配比小于0.2%的原料先合成预混料，准确计量分装后经小料口人工投料，配方中配比大于0.2%的原料经粉碎后与小料口人工投料的饲料混合。

5.3.2 制料冷却

经膨化机生产出来的颗粒料应经过冷却工艺，降温脱水。

6 质量要求

6.1 原料质量要求色泽一致，无发霉结块异味。饲料原料及添加剂原料中有害物质、微生物含量符合GB 13078的要求。

6.2 混合均匀度变异系数（*CV*）≤7%。

6.3 水分≤14%。

6.4 卫生指标符合GB 13078要求。

7 检验要求

7.1 饲料采样方法

分袋装饲料采样和散装产品采样：

a）袋装饲料采样：将取样钎槽口朝下，从袋装包的一角水平斜向插向包的对角，然后转动取样钎至槽口朝上取样；

b）散装饲料采样：根据堆型和体积大小分区设点，按货堆高度分层采样。

7.2 内容及方法

7.2.1 外观与性状、混合均匀度

按GB/T 5918规定执行。

7.2.2 赖氨酸

按GB/T 18246规定执行。

7.2.3 氯化钠（以水溶性氯化物计）

按GB/T 6439规定执行。

7.2.4 水分

按GB/T 6435要求执行。

7.2.5 粗蛋白

按GB/T 6432要求执行。

7.2.6 粗脂肪

按GB/T 6433要求执行。

7.2.7 粗纤维

按GB/T 6434要求执行。

7.2.8 钙

按GB/T 6436要求执行。

7.2.9 磷

按GB/T 6437要求执行。

8 质量控制和检验

8.1 加工前

送检合格后的原料需标识品种、进货日期和留存检测结果，接收后未加工的原料堆放应整齐，做好防水、防雨、防霉和防鼠工作。

8.2 加工中

原料使用按先进先出原则，投料过程中发现变质和原料异常立即停止投料，并随时观察混合料粒度，有异常立刻停止生产。

8.3 加工后

加工好的精料按时间顺序和产品类别分类堆放整齐，按原料先进先出出库，留存产品样品，检验合格后出厂。

9 包装、标签

9.1 包装

采用化纤编织袋包装。

9.2 标签

按GB 10648规定执行，凡添加药物添加剂的饲料应在包装袋标签上注明添加剂的名称和含量。

10 运输和贮存

10.1 运输

不应与有毒有害物质混运，防止破损、日晒、雨淋。

10.2 贮存

10.2.1 产品应贮存在通风、阴凉、干燥处，严禁与有毒有害物质混贮。

10.2.2 产品保质期一、四季度为60d，二、三季度为45d。

附录A
（资料性）
不同生长阶段关岭牛营养及精料补充料原料比例

不同生长阶段关岭牛营养及精料补充料原料比例见表A.1。

表A.1　不同生长阶段关岭牛营养及精料补充料原料比例

生长阶段	体重（kg）	营养需要	参考配方	干物质采食量（kg/d）	特殊原料推荐比例
15日龄至6月龄	23～90	粗蛋白≥17%、粗纤维≤10%、粗灰分≤10%、钙0.5%～2.0%、磷≥0.5%、氯化钠0.5%～2.0%、赖氨酸≥0.7%、综合净能≥4.3MJ/kg	玉米32%、碎米20%、小麦10%、玉米DDGS 10%、干白酒糟1%、次粉2%、大豆粕（43）18%、磷酸氢钙1.4%、石粉1.6%、碳酸氢钠1%、食盐1%、犊牛预混料（黄牛）1%	2	糙米≤20%、小麦≤10%、玉米DDGS≤10%、干白酒糟≤1%、次粉≤2%
7～12月龄	91～185	粗蛋白≥16%、粗纤维≤10%、粗灰分≤13%、钙0.5%～2.0%、磷≥0.35%、氯化钠0.5%～2.0%、赖氨酸≥0.6%、综合净能≥4.52MJ/kg	玉米29%、碎米20%、小麦10%、玉米DDGS 10%、干白酒糟1%、次粉5%、小麦麸皮5%、大豆粕（43）14%、磷酸氢钙1%、石粉2%、碳酸氢钠1%、食盐1%、犊牛预混料（黄牛）1%	3.7～4.07	糙米≤20%、小麦≤10%、玉米DDGS≤10%、干白酒糟≤1%、次粉≤2%、小麦麸皮≤10%
13～18月龄	186～230	粗蛋白≥15%、粗纤维≤15%、粗灰分≤15%、钙0.7%～2.0%、磷≥0.3%、氯化钠0.5%～2.0%、赖氨酸≥0.5%、综合净能≥4.7MJ/kg	玉米16%、碎米20%、小麦15%、玉米DDGS 15%、干白酒糟1%、次粉10%、小麦麸皮8%、米糠粕5%、大豆粕（43）4%、磷酸氢钙1%、石粉2%、碳酸氢钠1%、食盐1%、育肥牛预混料（黄牛）1%	4.07～4.31	糙米≤20%、小麦≤15%、玉米DDGS≤15%、干白酒糟≤1.5%、次粉≤15%、小麦麸皮≤10%、米糠粕≤10%

（续表）

生长阶段	体重（kg）	营养需要	参考配方	干物质采食量（kg/d）	特殊原料推荐比例
19～24月龄	231～290	粗蛋白≥13%、粗纤维≤15%、粗灰分≤15%、钙0.7%～2.0%、磷≥0.3%、氯化钠0.5%～2.0%、赖氨酸≥0.5%、综合净能≥4.90MJ/kg	玉米23%、稻谷10%、高粱10%、干白酒糟15%、次粉15%、小麦麸皮10%、米糠粕8%、菜籽饼3%、磷酸氢钙1%、石粉2%、碳酸氢钠1%、食盐1%、育肥牛预混料（黄牛）1%	4.31～4.96	稻谷≤10%、高粱≤10%、干白酒糟≤15%、次粉≤15%、小麦麸皮≤10%、米糠粕≤10%、菜籽饼≤8%
25～36月龄	290～370	粗蛋白≥11%、粗纤维≤15%、粗灰分≤15%、钙0.5%～2.0%、磷≥0.3%、氯化钠0.5%～2.0%、赖氨酸≥0.3%、综合净能≥5.14MJ/kg	玉米22%、稻谷15%、高粱15%、干白酒糟11%、次粉20%、米糠粕10%、磷酸氢钙1.4%、石粉1.6%、碳酸氢钠2%、食盐1%、育肥牛预混料（黄牛）1%	4.96～6.45	稻谷≤15%、高粱≤15%、干白酒糟≤15%、次粉≤20%、小麦麸皮≤10%、米糠粕≤10%、菜籽饼≤10%
大于36月龄	>370	粗蛋白≥10%、粗纤维≤15%、粗灰分≤15%、钙0.5%～2.0%、磷≥0.3%、氯化钠0.5%～2.0%、赖氨酸≥0.3%、综合净能≥5.23MJ/kg	玉米7%、稻谷20%、高粱20%、次粉25%、米糠粕15%、小麦麸皮6%、磷酸氢钙0.7%、石粉1.7%、碳酸氢钠2%、食盐1%、育肥牛预混料（黄牛）1%	6.45	稻谷≤25%、高粱≤20%、干白酒糟≤15%、次粉≤30%、小麦麸皮≤15%、米糠粕≤15%、菜籽饼≤15%

附录B
（资料性）
繁殖关岭母牛精料补充料配方

繁殖关岭母牛精料补充料配方见表B.1。

表B.1　繁殖关岭母牛精料补充料配方

生理阶段	体重（kg）	推荐精料营养水平（范围）	参考配方	干物质采食量（kg/d）	特殊原料推荐比例
妊娠母牛（6～9月龄）	300～350	粗蛋白≥16%、粗纤维≤15%、粗灰分≤15%、钙0.7%～2.0%、磷≥0.4%、氯化钠0.5%～2.0%、赖氨酸≥0.6%、综合净能≥4.3MJ/kg	玉米11%、稻谷15%、干白酒糟10%、次粉25%、米糠粕10%、小麦麸15%、菜籽饼5%、大豆粕（43）3%、磷酸氢钙1%、石粉2%、碳酸氢钠1%、食盐1%、母牛预混料（黄牛）1%	6.32～6.77	稻谷≤15%、高粱≤10%、干白酒糟≤10%、次粉≤25%、小麦麸皮≤15%、米糠粕≤15%、菜籽饼≤5%
哺乳母牛	300～350	粗蛋白≥17%、粗纤维≤15%、粗灰分≤15%、钙0.7%～2.0%、磷≥0.4%、氯化钠0.5%～2.0%、赖氨酸≥0.6%、综合净能≥7MJ/kg	玉米24%、高粱10%、干白酒糟10%、次粉20%、米糠粕10%、小麦麸8%、菜籽饼5%、大豆粕（43）8%、磷酸氢钙1%、石粉1%、碳酸氢钠1%、食盐1%、母牛预混料（黄牛）1%	7.72	稻谷≤15%、高粱≤10%、干白酒糟≤10%、次粉≤25%、小麦麸皮≤15%、米糠粕≤15%、菜籽饼≤5%

附录C
（资料性）
精料补充料主要饲料原料营养价值

精料补充料主要饲料原料营养价值见表C.1。

表C.1　精料补充料主要饲料原料营养价值

种类	干物质（%）	粗蛋白（%）	粗脂肪（%）	粗纤维（%）	粗灰分（%）	钙（%）	总磷（%）
玉米	87.46	8.01	3.35	2.56	1.19	0.02	0.22
稻谷	86	7.23	2.28	11.14	3.78	0.03	0.36
碎米	88	8.46	1.8	1.39	1.39	0.06	0.35
米糠粕	91.35	16.07	3.52	12.75	11.51	0.22	0.22
小麦	89.71	13.23	1.53	2.5	1.67	0.06	0.21
次粉	88.56	14.59	2.54	4.35	2.42	0.06	0.44
小麦麸皮	89.57	17.17	2.66	8.57	5.36	0.09	0.81
高粱	87.91	9.27	1.93	3.4	1.55	0.06	0.27
豆粕（43）	89.49	43.82	1.05	5.2	5.86	0.39	0.66
菜籽饼	92.4	36.13	9.19	16.73	6.72	0.68	0.99
干白酒糟	92.6	22.99	5.1	12.3	7	0.55	0.43

ICS 65.020.30
B 43

DB52

贵州省地方标准

DB52/T 909—2014

杂交肉牛生产技术规程

Technical regulations of hybrid beef cattle production

2014-06-09 发布　　2014-07-09 实施

贵州省质量技术监督局　发布

前　言

本标准按照GB/T 1.1—2009《标准化工作导则　第1部分：标准的结构和编写》给出的规则起草。

请注意本文件的某些内容可能涉及专利，本文件的发布机构不承担识别这些专利的责任。

本标准由贵州省畜牧兽医研究所提出，贵州省农业委员会归口。

本标准由贵州省质量技术监督局批准。

本标准起草单位：贵州省畜牧兽医研究所、贵州省畜禽遗传资源管理站。

本标准主要起草人：刘镜、何光中、孙鹃、杨忠诚、罗治华、杨红文、黄波、徐龙鑫、李波、龚俞、张晓可、谭尚琴、张麟。

杂交肉牛生产技术规程

1 范围

本标准规定了肉牛杂交改良、肉牛繁育、犊牛培育、肉牛育肥、饲草加工调制、兽医防疫与消毒、生产档案等。

本标准适用于肉牛养殖户和育肥场。

2 规范性引用文件

下列文件对于文件的应用是必不可少的。凡是注日期的引用文件，仅所注日期的版本适用于本文件。凡是不注日期的引用文件，其最新版本（包括所有的修改单）适用于本文件。

NY/T 815—2004　肉牛饲养标准

NY/T 1335—2007　牛人工授精技术规程

《中华人民共和国畜牧法》

3 术语和定义

下列术语和定义适用于本文件。

3.1

犊牛

出生到6月龄内的牛。

3.2

初乳

母牛分娩后7d内所产的乳。

3.3

青年牛

6月龄到体成熟期间的牛。

3.4

架子牛

体重350kg以上，没有经过专门育肥的公牛，包括阉割和未阉割的公牛。

3.5

杂交肉牛

不同品种肉牛间的杂交后代。

3.6

肉牛育肥

利用饲料、管理和环境条件促进肉牛肌肉和脂肪沉积的过程。

3.7

粗饲料

粗纤维含量在18%以上的农副产品、牧草、作物秸秆、野草、树叶等的统称。

3.8

混合精料

由能量饲料、蛋白质饲料、矿物质、维生素和饲料添加剂等按一定比例配合成的饲料。

3.9

青贮饲料

将含水率为65%～75%的青绿饲料经切碎后，在密闭缺氧的条件下，通过厌氧乳酸菌的发酵作用，抑制各种杂菌的繁殖，而得到的一种粗饲料。

3.10

动物疫病

动物的传染病和寄生虫病。

3.11

动物防疫

动物疫病的预防、控制、扑灭和动物、动物产品的检疫。

4 肉牛杂交改良

4.1 杂交方式

4.1.1 杂交母本群

选择成年经产母牛或18月龄左右、发育正常、体格健壮、发情规律、健康无病的本地母牛及杂交一代的母牛作为杂交母本群。

4.1.2 二元杂交

选用优良外来种牛与本地母本群进行杂交。

4.1.3 三元杂交

根据不同生产目的，选用不同的父本与二元杂交一代母牛群进行杂交。

4.2 交配方式

按NY/T 1335—2007有关要求进行配种。

5 肉牛繁育

5.1 母牛的发情

5.1.1 初配年龄

母牛在性成熟后，体重达到成年牛体重的70%后开始初配，本地牛为24～28月龄，杂交牛为18～22月龄。

5.1.2 发情周期

母牛的发情周期平均21d，发情持续期1～2d。

5.1.3 发情鉴定

按NY/T 1335—2007有关要求进行发情鉴定。

5.2 配种繁殖

5.2.1 配种站（点）

根据地理位置和母牛的饲养量建立配种站（点），1个配种站（点）的配种母牛数不低于400头，服务半径不超过15km。

5.2.2 适时配种

输精适宜在母牛外部发情症状结束、卵泡排卵前进行；母牛开始发情后9～36h，其中18～27h为最佳输配时间；采用直肠把握输精方法，1个情期输配1次，对排卵延迟的母牛输配2次；对发情、排卵不正常的母牛，查明原因，对症处理。

5.3 妊娠管理

5.3.1 妊娠诊断

母牛配种21d后，连续2个情期母牛无发情表现，食欲增强、皮毛逐渐光泽、膘情逐渐变好，视为妊娠。

5.3.2 妊娠护理

妊娠母牛加强管理，避免惊吓，劳役适度，保持妊娠母牛有中上等膘情，不过肥。

5.3.3 分娩护理

母牛妊娠期280d左右，临产前1个月内注意观察和精心护理。母牛产犊时让其自然产出，遇胎儿过大或胎位不正等难产，请兽医助产。

6 犊牛培育

6.1 初生犊牛护理

6.1.1 接生

犊牛产出后立即用消毒纱布或毛巾擦净口鼻腔黏液，用消毒剪刀在距腹部6～8cm处剪断脐带，排出脐带中的血液后结扎，用5%的碘酒消毒断面，然后称重、编号、登记，注射破伤风抗毒素。

6.1.2 初乳

犊牛出生后1h内吃到初乳，适当饮水，水温36～37℃。

6.1.3 去角

犊牛出生后第7天去角，用固态烧碱在牛角生长点处涂擦数次，直至出现血迹为止。

6.1.4 圈舍

犊牛舍保持通风、干燥、明亮、安静、清洁卫生，环境温度在10～25℃。冬季产犊，要有暖棚和取暖设施。

6.2 哺乳期管理

6.2.1 常乳

犊牛随母牛哺乳，用犊牛的日增重衡量母乳是否充足，日增重低于650g，适当增加母牛精料喂量。

6.2.2 开食

犊牛出生7d后，训练采食优质青、干草；15日龄开始诱导采食精料，初期喂10～20g粥状饲料；30日龄时每日补饲配合饲料增至300～500g；60日龄至断奶逐渐增加喂量，精料分早、中、晚三次补给。犊牛补料参考配方：玉米65%、麸皮6%、豆粕20%、菜籽饼5%、肉牛预混料4%。

6.2.3 断奶

犊牛出生后5～6月龄，体重达到100～150kg时断奶，转入育肥或育成牛的培育。

6.2.4 运动

安排犊牛在运动场中自由运动，增强体质。

7 肉牛育肥

7.1 育肥

7.1.1 青年牛或育成牛育肥

犊牛断奶后进行强度育肥，18～24月龄前出栏，出栏体重不低于450kg。

7.1.2 架子牛育肥

犊牛断奶后，在较粗放的饲养条件下饲养到一定年龄后，集中育肥3～6个月，达到理想体重和膘情。

7.1.3 高档肉牛育肥

选择本地肉牛及安格斯杂交牛，通过高饲料营养水平日粮，育肥18个月以上，屠宰年龄达2.5～3岁。

7.2 育肥牛饲养管理要求

7.2.1 隔离观察

购进的牛在隔离牛舍内观察10～15d，观察精神状态、采食情况和粪尿情况。

7.2.2 保持卫生

每天上午、下午各清扫牛舍1次，清除污物和粪便，每日在喂牛后对牛体刷拭2次。

7.2.3 驱虫

定期进行驱虫。育肥牛进场后驱虫1次，育肥10个月后再驱虫1次。

7.2.4 健胃

育肥牛进场后第7～14天用健胃药健胃。

7.2.5 编号与分群

育肥牛转入牛舍前进行编号、分群。分群时年龄相差要小，体重相差不超过30kg，相同品种的杂交牛分成一群，3岁以上的牛合群饲喂。

7.2.6 饲喂

每天饲喂2～3次，饲喂顺序为混合精料→糟渣类饲料→粗饲料。精料要粉碎混合均匀拌湿饲喂，粗饲料要少喂勤添。饲喂要定时定量，不突然变换饲料，保证饮水。

7.2.7 营养需要与饲料喂量

按NY/T 815—2004配合日粮，确定喂量。

8 饲草加工调制

8.1 青干草调制

将适时收割的牧草，平铺地面，以10～15cm厚为宜，暴晒6～7h，定时翻动，达到半干程度，然后运到通风良好的阴棚下晾干。

8.2 秸秆调制

8.2.1 秸秆青贮

8.2.1.1 原料

选用专用青贮玉米或摘穗后的玉米秸、禾本科牧草等为原料，含水率65%左右。

8.2.1.2 方法

将青贮原料铡成3～5cm长、快速装窖、层层压实、塑料布封顶、50cm厚土压实封口。

8.2.1.3 时间

青贮原料需在40～50d完成发酵过程。

8.2.1.4 质量

秸秆青贮后，品质优良的青贮料质地柔软略带湿润、茎叶纹理清晰、接近作物的颜色、具有酸香味和芳香味；品质中等的青贮料质地柔软稍干或水分稍多、呈黄褐色或暗绿色、具有明显酸味，略有刺鼻感；品质低劣的青贮料质地松散干燥粗硬或黏滑状、多为黑褐色、有酸臭味、刺鼻难闻。

8.2.2 秸秆氨化

8.2.2.1 原料

选用收获后干玉米秸秆、稻草等为原料，采用尿素为氨源。

8.2.2.2 方法

将秸秆切成3～5cm长，采用尿素氨化处理，将3～4kg尿素溶解于60kg水中，逐层均匀地喷洒在100kg秸秆上，充分拌匀，用塑料薄膜压紧。

8.2.2.3 时间

夏季经1～2周、春秋季经1个月左右、冬季经2个月左右完成氨化过程。

8.2.2.4 质量

秸秆氨化后颜色应为杏黄色（氨化的玉米秸秆为褐色）、质地变软、释放余氨后气味糊香；氨化秸秆变为白色、灰色，发黏或结块等，说明秸秆已经霉变，不能再饲喂牲畜；氨化秸秆的颜色同氨化前基本一样，虽然可以饲喂，但没有氨化好。

8.2.3 秸秆微贮

8.2.3.1 原料

选用收获后干麦秸、稻草、玉米秸、山芋藤、花生藤、干草、豆秸等为原料。

8.2.3.2 方法

在农作物秸秆中加入微生物活性菌种，放入容器（水泥池、土窖、缸、塑料袋等）中或地面进行发酵，经过一定的发酵过程，使农作物秸秆变成带有酸、香、酒味，家畜喜食的粗饲料。

8.2.3.3 时间

发酵时间的长短因气温的不同而变化。在10～40℃的气温条件下，需经10～15d完成发酵。

8.2.3.4 质量

根据微贮饲料的外部特征，用看、嗅和手感的方法，鉴定微贮饲料的品质。

8.3 酒糟的饲喂

8.3.1 饲喂方法

需要有预饲期，逐渐增加喂量。体重350kg以上的肉牛，每日喂量为白酒糟10～15kg，啤酒糟20～30kg。

8.3.2 注意事项

8.3.2.1 酒糟应经过发酵或水洗后饲喂。夏季防止霉变，冬季不能饲喂带有冰碴的酒糟。

8.3.2.2 日粮中应添加牛用预混料或复合微量元素和维生素制剂，补充维生素A、维生素D、维生素E、维生素K。

8.3.2.3 控制酒糟喂量，防止酸中毒，添加0.5%～1%小苏打。

8.4 尿素的饲喂

饲喂量占日粮干物质的1%，断奶后的育成牛日喂量在20～30g，体重400kg以上的肉牛日喂量50～60g；避免与含脲酶高的饲料如生豆饼和生的豆类等混喂；不能通过饮水饲喂，应把尿素干粉与饲料混匀饲喂；喂完尿素1h后再饮水。犊牛禁止饲喂尿素。

9 兽医防疫与消毒

9.1 消毒

9.1.1 人员消毒

养殖人员要身体健康，定期进行健康检查；工作人员进入生产区需更换工作服和工作鞋，进行喷雾消毒。

9.1.2 用具消毒

每周对饲喂用具、料槽和饲料车等进行消毒，用0.1%新洁尔灭或0.2%～0.5%过氧乙酸消毒；兽医用具、助产用具、配种用具等在使用前后进行彻底消毒和清洗。

9.1.3 牛舍消毒

每批牛出栏后，彻底清扫牛舍，然后进行喷雾消毒。

9.1.4 牛场消毒

牛舍周围环境每2～3周用2%烧碱或生石灰消毒1次；场周围及场内污水池、排粪坑、水道出口每月用漂白粉消毒1次；进入生产区的车辆应用次氯酸盐或有机碘混合物进行喷雾消毒；消毒液可用3%火碱或煤酚溶液，每周更换两次。

9.2 疫病监测

对口蹄疫、结核病、布鲁氏菌病、牛瘟、牛传染性胸膜肺炎进行常规检测。

9.3 免疫

9.3.1 免疫种类

口蹄疫、炭疽、破伤风、结核病、副结核病、布鲁氏菌病。

9.3.2 免疫接种

根据本地区及肉牛养殖场的疫病发生和流行情况，选择合适的疫苗与时机，国家规定强制免疫的，免疫密度要达到100%。

9.3.3 注意事项

注射疫苗前应摇匀；在疫病流行严重地区，应加大接种剂量；当牛群已发生传染病时，应及时给未发病的牛注射疫苗；注射疫苗时应及时更换针头，防止交叉感染，注意注射部位，防止打空针、飞针。

9.4 用药规范

治疗用药记录包括患牛畜号、发病时间、症状、治疗用药名称、给药途径、剂量、治疗时间、疗程等；预防和混饲给药记录包括所用药物名称、剂量和疗程等。

9.5 疫情报告制度

各级畜牧兽医站要通过各种渠道宣传疫情上报的重要性和严肃性，宣传对象要深入到养殖场（农户）。发现疑似疫情时，应立即向当地畜牧兽医主管部门报告，不能私自发布。

9.6 无害化处理

按相关法律执行。

10 生产档案

按《中华人民共和国畜牧法》有关规定建立养殖档案。

ICS 65.020.30
B 43

DB52

贵 州 省 地 方 标 准

DB52/T 908—2014

牛同期发情定时输精操作技术规程

Operation technical regulations of cattle estrus synchronization timed insemination

2014-06-09 发布 2014-07-09 实施

贵州省质量技术监督局 发 布

前　言

本标准按照GB/T 1.1—2009《标准化工作导则　第1部分：标准的结构和编写》给出的规则起草。

请注意本文件的某些内容可能涉及专利，本文件的发布机构不承担识别这些专利的责任。

本标准由贵州省畜牧兽医研究所提出，贵州省农业委员会归口。

本标准由贵州省质量技术监督局批准。

本标准起草单位：贵州省畜牧兽医研究所、贵州省畜禽遗传资源管理站。

本标准主要起草人：何光中、刘镜、杨忠诚、孙鹃、罗治华、黄波、杨红文、徐龙鑫、李波、龚俞、张麟、张晓可、谭尚琴。

牛同期发情定时输精操作技术规程

1 范围

本标准规定了牛同期发情定时输精技术的准备工作、母牛选择、牛群规模、妊娠检查、同期发情方法、定时输精方法、记录、注意事项等技术要求。

本标准适用于贵州省牛人工授精站、养牛场（户）。

2 规范性引用文件

下列文件对于本文件的应用是必不可少的。凡是注日期的引用文件，仅所注日期的版本适用于本文件。凡是不注日期的引用文件，其最新版本（包括所有的修改单）适用于本文件。

GB 4143—2008 牛冷冻精液

NY/T 133—2007 牛人工授精技术规程

3 术语和定义

下列术语和定义适用于本文件。

3.1

冷冻精液

将原精液用稀释液等温稀释、平衡后快速冷冻，在液氮中保存。冷冻精液包括颗粒冷冻精液和细管冷冻精液。

3.2

发情鉴定

通过外部观察或其他方式确定母牛发情程度的方法。

3.3

情期受胎率

同情期受胎母牛数占同情期输配母牛数的百分比。

3.4

受胎率

受胎母牛数占参加输精母牛数的百分比。

3.5

同期发情

利用外源激素人为控制和改变一群空怀母畜卵巢的活动规律，使其在预定时间内集中发情并正常排卵的一种技术。

3.6

定时输精

对一群母畜进行同期发情处理后，无须观察发情表现，在预定时间进行人工输精的一项技术。

4 准备工作

4.1 人员准备及分工

4.1.1 每组3人，操作者1人，助手2人。

4.1.2 操作者负责牛的妊娠、子宫检查和人工授精操作。

4.1.3 助手1负责注射药品的准备、精液的解冻、装枪和记录。

4.1.4 助手2负责牛的保定、注射、协助操作者输配。

4.2 设施与器械准备

4.2.1 每组准备保定架2个。

4.2.2 5mL金属注射器3个、16号兽用注射针头40颗以上。

4.2.3 输精枪5把、输精枪帽30个。

4.2.4 注射器械、典酊、酒精、药棉、一次性塑料外套等足量。

4.3 器械的清洗消毒

4.3.1 输精枪、输精枪帽、注射针头，先用清洗液清洗，再用清水洗净，用纱布分类包扎，置锅内煮沸1h后，干燥后备用。

4.3.2 输精枪枪柄先用清洗液清洗，再用清水洗净，最后用75%的酒精擦拭消毒，风干后备用。

5 母牛的选择和要求

5.1 年龄

黄牛2～8岁；杂交肉牛1.5～8岁；水牛3～10岁。

5.2 体重

经产母牛不作要求。处女母牛中黄牛150kg以上、杂交肉牛200kg以上、水牛180kg以上。

5.3 膘情

中等以上。

5.4 健康

健康无病。

5.5 发情周期

要求母牛处于黄体期，即发情后5～17d，最好是在8～12d，刚发完情或即将发情的母牛不能注射药物。

5.6 带犊母牛

所带犊牛2个月以上，且子宫恢复正常，膘情较好。

5.7 其他

过肥、过瘦、生长发育不正常及刚进行了疫苗注射或驱虫的母牛不能选用。

6 牛群规模

每次同期发情的适宜规模为：每组50～80头。

7 时间选择

一年四季均可进行，其中最佳时间是在秋季，冬季气温低于0℃、夏季气温高于30℃不宜进行；药物处理时要避开牛的使役期。

8 妊娠检查

药物处理前所有母牛必须进行妊娠检查，通过直肠检查确定空怀者才能注射药物，否则怀孕牛会造成流产。

9 药品选择

氯前列烯醇等类似药物。

10 注射剂量

氯前列烯醇每头牛2mL，个体较大者注射3mL；其他类似药物按使用说明使用。

11 注射部位

臀部肌内注射。

12 定时输精

所有牛注射药物后，以打针当天为0天，黄牛在第3天、第4天各输精1次；水牛在第4天、第5天各输精1次。不管牛是否有发情表现都要输配。

13 输配方法

按NY/T 1335—2007要求进行。

14 精液要求

符合GB 4143—2008标准。

15 注意事项

15.1 注射药物

15.1.1 药物要避免高温或太阳直射。

15.1.2 不能用其他部位和皮下注射代替臀部肌内注射。

15.1.3 要确保药物足量注入，取针时如发现有药物残留或滴漏，要补充注射。

15.2 精液解冻

15.2.1 取冻精时，提筒不能超出液氮罐的颈口，操作时间不得超过5s。

15.2.2 细管冻精每次只能解冻1～2支，不能多支一起解冻，连续解冻时需检查水温。

15.2.3 解冻温度的范围为38～42℃。

15.2.4 解冻好的冻精，要避免二次污染和阳光直射。

15.2.5 尽快使用解冻好的冻精，在温度25～30℃条件下，30min内使用。

15.2.6 注意检查精子活率，解冻后精子活率若低于30%（即0.3）则不能用于输精。

15.3 输精操作

15.3.1 对母牛保定时，要加后保定绳。

15.3.2 不宜用消毒药水清洗外阴，对外阴太脏的牛要用清水清洗后擦干。

15.3.3 输精枪在插入阴道时避免枪头接触外阴污物，可由助手分开阴唇再将枪头插入阴道，枪头被污染必须更换。

15.3.4 输精完毕，要检查细管内是否有精液残留和回流，若有应另取精液重新输配。

15.4 补配

在配种后第16天开始观察牛群，持续观察7d，如有发情，适时补配。

ICS 65.020.30
B 43

DB52

贵 州 省 地 方 标 准

DB52/T 269—2019
代替DB52/T 269—1991

牛冷冻精液人工授精技术规程

Regulation of artificial insemination of frozen semen for bovine

2019-12-31 发布 2020-06-01 实施

贵州省市场监督管理局 发布

前 言

本标准按照GB/T 1.1—2009《标准化工作导则　第1部分：标准的结构和编写》给出的规则起草。

请注意本文件的某些内容可能涉及专利，本文件的发布机构不承担识别这些专利的责任。

本标准由贵州省农业农村厅提出并归口。

本标准起草单位：贵州省畜禽遗传资源管理站、贵州省种畜禽种质测定中心、铜仁市畜牧技术推广站、遵义职业技术学院、贵州农业职业学院。

本标准主要起草人：龚俞、张芸、李波、李雪松、邓位喜、杨红文、张正群、刘青、梁正文、毛同辉、李志惠、张立、樊莹、沈德林、杨齐心、刘嘉、李维、张游宇、廖中华、唐明艳、侯萍、任丽群、王燕、龙向华、冉隆权、李华磊、徐伟。

本标准为1991年首次制定，2019年7月修订。

与原标准比较，本标准增加、修订了以下内容：

增加了牛冷冻精液人工授精技术规程的英文名称；

增加了术语定义；

增加了冷冻精液运输与贮存部分内容；

增加了母牛发情鉴定部分内容；

增加了冷冻精液解冻和精液质量要求；

修订了直肠把握输精部分内容；

增加了附录A母牛配种记录表。

牛冷冻精液人工授精技术规程

1 范围

本标准规定了种牛冻精选择、冷冻精液运输与贮存、母牛发情鉴定、输精准备、输精操作、母牛妊娠检查、记录等技术要求。

本标准适用于贵州省养牛场及养殖户母牛冷冻精液人工授精。

2 规范性引用文件

下列文件对于本文件的应用是必不可少的。凡是注明日期的引用文件，仅所注日期的版本适用于本文件。凡是不注日期的引用文件，其最新版本（包括所有的修改单）适用于本文件。

GB 4143　牛冷冻精液

NY/T 1335　牛人工授精技术规程

3 术语和定义

下列术语和定义适用于本文件。

3.1

冷冻精液

将原精液用稀释液稀释、平衡后快速冷冻，在液氮中保存。冷冻精液包括颗粒和细管冻精两种剂型。

3.2

解冻

冷冻精液使用前使冷冻精子复苏并重新恢复活力的处理方法。

3.3

人工授精

用人工方法采取公牛精液，经检查处理后，输入发情母牛子宫颈内，使其受孕的技术。

3.4

发情鉴定

通过外部观察或其他方式确定母牛发情程度的方法。

4 母牛及精液

4.1 母牛

选择健康、繁殖机能正常的未妊娠母牛。

4.2 精液

应符合GB 4143的规定。

5 冷冻精液运输与贮存

5.1 运输

在运输冷冻精液和液氮时，应使用生物贮存容器，并在原有保护套外，另加木箱或其他保护装置加以固定。

5.2 贮存

冷冻精液应贮存在装有足够液氮的生物贮存容器中，定期检查和添加液氮，保证容器内的冷冻精液置于液氮面下方。

5.3 转移

贮存的冷冻精液向另一容器转移时，冷冻精液应浸泡在液氮中进行。冷冻精液在空气中暴露的时间不得超过5s。

5.4 提取

从容器内取冷冻精液时，只能将提筒置于容器内，用长柄镊夹取冷冻精液，如5s内尚未取放完毕，应将提筒放回液氮中浸泡一下再继续提取。

6 母牛发情鉴定

6.1 外部观察法

6.1.1 发情初期

母牛兴奋不安，哞叫，游走，采食量减少，追逐、爬跨其他母牛，但不接受爬跨；阴户肿胀、松弛、充血、发亮，有稀薄透明黏液流出，黏液不呈牵丝状。

6.1.2 发情盛期

母牛温顺，其他牛爬跨时站立不动、后肢张开，接受爬跨，频频举尾。阴户肿胀、红润，有大量透明而黏稠的黏液流出，呈牵丝状。

6.1.3 发情末期

母牛兴奋度降低，平静，拒绝爬跨；阴户肿胀消退并起皱，尾根紧贴阴门，黏液量减少、黏稠，牵丝较短。

6.2 直肠检查法

6.2.1 发情初期

卵巢变软，光滑，有时略有增大，卵泡直径0.5cm左右。

6.2.2 发情盛期

一侧卵巢增大，卵泡直径0.5～1.0cm，呈圆形，明显突出于卵巢表面。

6.2.3 发情末期

卵泡增大，波动感明显，泡壁变薄，紧张度增加，有一触即破之感。

7 输精准备

7.1 输精器具清洗和消毒

7.1.1 输精枪、输精针及玻璃器皿等，先用清洗液清洗，再用清水洗净，用纱布分类包扎，置消毒锅内煮沸1h后，干燥备用。

7.1.2 输精枪用后清洗、消毒后方可再次使用，采用一次性塑料外套管。

7.2 冷冻精液解冻和精液质量

冷冻精液解冻方法和精液质量应符合GB 4143的规定。

7.3 输精枪使用

输精枪主要用于细管冷冻精液的输精。将解冻的细管剪去顶部封口，剪切面整齐，迅速装入输精枪管内。具体步骤为：剪去顶部封口为前端，输精枪推杆后退，细管装至输精枪内，将塑料外套套在输精枪管外，输精枪管口顶紧外塑料套管固定圈，输精枪管前推到头，塑料外套管后部在输精枪后部螺纹处拧紧，紧密结合。

7.4 牛体卫生

输精前，输精员戴上一次性塑料手套，用手掏净母牛直肠粪便后，再用温水清洗母牛外阴部并擦拭干净，不应用消毒液清洗。

8 输精操作

8.1 输精时间确定

8.1.1 母牛出现发情盛期表现6～10h或卵泡壁薄、满而软、有弹性和波动感明显接近成熟排卵时为适宜输精时间。

8.1.2 发情母牛一个情期输精2次，间隔时间8～12h。

8.2 直肠把握输精

输精人员将手指并握，呈圆锥形从母牛肛门伸进直肠内，动作要轻柔，寻找并握住子宫颈的外口端，手臂往下按压使阴门裂开，另一只手把准备好的输精枪自阴门向斜上方约45°角轻轻插入5～10cm，避开尿道口，再改为平插，把输精枪送到子宫颈外口，双手配合，轻轻旋转插进，使输精枪缓缓越过子宫颈管中的皱襞轮1～2cm，到达子宫体部位，注入精液前略后退0.5cm，把输精枪推杆缓缓向前推，将精液注入子宫颈内。

9 母牛妊娠检查

9.1 外部观察法

9.1.1 母牛配种后2～3个情期内未出现发情者，可初步判定为妊娠。

9.1.2 母牛妊娠外部表现，性情变得温和，食欲增加，毛色润泽。妊娠5个月后，腹围增大，右侧腹壁突出，可在腹壁触到或看到胎动。

9.2 直肠检查法

9.2.1 输精后2个情期未发情，通过直肠触摸可查出两侧子宫角不对称，角间沟清楚。孕侧子宫角较粗大、柔软，有液体波动感，弯曲度变小。

9.2.2 输精2个月后，通过直肠触摸可查出妊娠子宫增大并能感觉到胎儿和胎膜，同侧卵巢较另侧略大，并有妊娠黄体，顶端可触感突起物。

10 记录

10.1 记录内容

记录内容详见附录A。

10.2 情期受胎率和繁殖率

符合NY/T 1335的要求。

附录A
（规范性附录）
母牛配种记录表

母牛				畜主	住址	冻精			发情时间	输精时间	复配时间	预产期	产犊日期	输精人员	备注
编号	品种	年龄	胎次			品种	编号	来源							

ICS 65.020.30
CCS B 43

DB52

贵　州　省　地　方　标　准

DB52/T 1646—2021

肉牛山地规模化饲养管理技术规程

2021-12-08 发布　　2022-03-01 实施

贵州省市场监督管理局　发布

前 言

本文件按照GB/T 1.1—2020《标准化工作导则　第1部分：标准化文件的结构和起草规则》给出的规则起草。

本文件由铜仁市农业农村局提出。

本文件由贵州省农业农村厅归口。

本文件起草单位：铜仁市畜牧技术推广站、贵州省畜禽遗传资源管理站、铜仁市饲草饲料工作站、德江县畜牧技术推广站、思南县畜牧技术推广站、印江县畜牧技术推广站、松桃县畜牧技术推广站、德江康泰农牧发展有限公司。

本文件主要起草人：任明晋、雷荷仙、李华磊、马仲元、毛同辉、龚俞、张华琦、吴娟、李维、樊蓉、韩加敏、刘运飞、刘和、张前卫、袁豪、张茶云、杨礼、裴毅敏、冉隆权、龙真权、付昌友、唐春勇、胡小红、田碧霞、熊勇、崔炜、张霞、崔德飞、龚伟、杨喆、赵飞、邹明、方兰军、姚建军、周忠凤、郑晓刚、裴国海、龙亚玲、覃永明、吴高奇、傅文明。

肉牛山地规模化饲养管理技术规程

1 范围

本文件规定了肉牛山地规模化养殖场建设、引种、繁殖、饲草料、饲养管理、疫病防控、资料管理等技术内容。

本文件适用于贵州肉牛山地规模化养殖。

2 规范性引用文件

下列文件中的内容通过文中的规范性引用而构成本文件必不可少的条款。其中，注日期的引用文件，仅该日期对应的版本适用于本文件，不注日期的引用文件，其最新版本（包括所有的修改单）适用于本文件。

GB 3095 环境空气质量标准

GB 4143 牛冷冻精液

GB 13078 饲料卫生标准

GB 15618 土壤环境质量 农用地土壤污染风险管控标准

GB 18596 畜禽养殖业污染物排放标准

GB 19166 中国西门塔尔牛

GB 19374 夏洛来种牛

GB 19375 利木赞种牛

NY/T 388 畜禽场环境质量标准

NY/T 682 畜禽场场区设计技术规范

NY/T 1335 牛人工授精技术规程

NY/T 1952 动物免疫接种技术规范

NY/T 2696 饲料青贮技术规程 玉米

NY/T 3075 畜禽养殖场消毒技术

NY/T 3387 病害畜禽及其产品无害化处理人员技能要求

NY 5027 无公害食品 畜禽饮用水水质

NY/T 5030 无公害农产品 兽药使用准则

NY 5032 无公害食品 畜禽饲料和饲料添加剂使用准则

NY/T 5339 无公害农产品 畜禽防疫准则

SN/T 1691 进出境种牛检验检疫操作规程

中华人民共和国农业部公告 第2625号《饲料添加剂安全使用规范》

中华人民共和国农业部公告　2004年第38号《种畜禽管理条例实施细则》

3　术语和定义

下列术语和定义适用于本文件。

3.1

山地

地表高低起伏、坡度大于25°，沟谷幽深且多呈脉状分布，平均海拔500m以上的区域。

3.2

规模养殖场

常年存栏肉牛100头以上的养殖场。

3.3

肉牛杂交

两个或两个以上肉牛品种通过自然交配或人工授精进行杂交，获得杂交后代肉牛新品系（种）的繁育方法。

3.4

放牧

肉牛在自然环境中自行采食牧草并将其转化成畜产品的饲养方式。

3.5

舍饲

采用全天候圈养的饲养方式。

3.6

半舍饲

舍饲与放牧相结合的饲养方式。

3.7

补饲

放牧后，额外补充精料或优质草料。

4　养殖场建设

4.1　牛场环境

规模养牛场环境质量应符合NY/T 388的要求，空气质量应符合GB 3095的规定，土壤质量应符合GB 15618的规定，水质应符合NY 5027的规定。

4.2　场址选择

应选择地势高燥、坡度较缓处，水源充足、电力稳定，交通便利，并配套一定饲草地，应符合本地区农牧业生产、土地利用、城乡建设和环境保护发展规划要求。

4.3 牛场布局

4.3.1 布局因地制宜，充分利用场区原有地形、地势，应按功能分区。

4.3.2 生活区应位于场区的上风向或侧风向，入口应设置门禁门卫、人员消毒室和车辆消毒池。

4.3.3 生产区应位于无害化处理区的上风向或侧风向，应包括兽医诊断室、草料仓库、饲料加工区、空怀母牛区、妊娠母牛区、育肥牛区，场内净道与污道分开。

4.3.4 无害化处理区位于生产区的下风向，内设堆粪棚、污物堆放棚等设施设备。

4.3.5 隔离舍距生产区200m以外，应处在下风向和低洼处。

4.4 牛舍建设

4.4.1 规模养牛场设计应符合NY/T 682要求，详细技术参数见附录A。

4.4.2 根据地势情况，牛舍选用开放式或半开放式，屋顶采用彩钢泡沫夹芯板，满足遮风避雨、防寒保暖、采光、通风、排水畅通的要求。

4.4.3 饮水应采用自动饮水碗或水槽。

4.4.4 饲料通道地面相对于牛床高度抬高40cm，通道两边建10cm高的挡板，以防饲料掉入牛床，中间为撒料车行车道。

4.4.5 应采用拴系或活动式围栏饲养。

5 引种

5.1 引种应符合中华人民共和国农业部公告2004年第38号规定，跨境引种应符合SN/T 1691要求。

5.2 运输车辆、器具、牛群要求

5.2.1 运输车辆到达养殖场时，应在指定场所对车厢、底盘等表面用消毒药水均匀喷洒至湿润，并经过消毒池，对车辆轮胎进行消毒。

5.2.2 运输车辆卸载牛后，应在无害化处理区，清理车辆器具中废弃物和铺垫材料，用高压水枪冲洗车辆及器具，干燥后消毒。

5.2.3 运输牛群应符合NY/T 5339规定，并为其提供饲喂饮水。

5.3 外地购入的牛应在隔离舍隔离观察不少于30d，经驱虫、消毒、免疫和检疫确认健康后，方可转入生产群合群饲养。

6 繁殖

6.1 种牛选择

6.1.1 种公牛

西门塔尔种牛应符合GB 19166要求、夏洛来种牛应符合GB 19374要求，利木赞种牛符合应GB 19375要求，安格斯应符合其种质要求。

6.1.2 种母牛

应选用健康无病，外貌、体尺、生产性能、繁殖性能均符合种用要求的母牛。

6.2 人工授精

牛冷冻精液应符合GB 4143的规定，人工授精技术应按NY/T 1335操作。

6.3 杂交组合

二元杂交或三元杂交。

7 饲草料

7.1 饲料质量安全

饲料卫生指标应符合GB 13078规定，饲料添加剂应符合中华人民共和国农业部公告第2625号和NY5032规定。

7.2 饲草料种类

7.2.1 粗饲料

应包括青饲料、干草、秸秆、酒糟、青贮料等，青贮料符合NY/T 2696规定。

7.2.2 精料补充料

应由玉米、豆粕、糠麸等原料配合而成。

7.3 日粮配制

应结合本地饲草料，兼顾经济实用，合理搭配，满足不同生长阶段肉牛营养需求，详见附录B，精料补充料营养水平详见附录C。

8 饲养管理

8.1 饲养方式

8.1.1 犊牛

犊牛产出后，应及时清理初生犊牛口、鼻、耳及身上黏液，断脐后尽早吃到初乳，舍饲管理；出生后7～10d及早补饲，并随母放牧；哺乳3～4个月后断奶。

8.1.2 空怀母牛

半舍饲管理，应按体重0.5%补饲精料，保持中等体况。

8.1.3 妊娠母牛

半舍饲管理，应按体重0.8%补饲精料。应做好保胎工作，严防受惊吓、跌倒、挤撞等。临产前7d，应转入产犊舍单独饲养，适当增加麸皮含量，精料不宜超过母牛体重的1%。

8.1.4 哺乳母牛

母牛产犊后，应及时护理并饮用麦麸盐温水。体弱母牛产后3d内只喂优质干草，4d后饲喂适量的精饲料和多汁饲料；正常母牛产后第1天饲喂多汁料和精料。放牧前，粗饲料预饲期夏季7～8d、冬季10～14d。放牧时间由开始每天2～3h逐渐增加到正常时长。归放后按体重1%补饲精料，水中可适当添加食盐。

8.1.5 架子牛

全天放牧，归放后按体重1%补饲精料。

8.1.6 育肥牛

全天舍饲，分两次给料，分别为6时和18时，草料应按体重5%，湿酒糟应按体重3%、精料应按体重1.0%～1.2%进行饲喂。

8.1.7 种公牛

每天保持4h以上的活动量，分两次活动，上午、下午各1次。种公牛应按体重0.5%饲喂精料，配种旺季补充适量鸡蛋等优质蛋白质饲料。

8.2 饮水

定期应清洗消毒饮水设备，不喂冰冻水。

8.3 放牧

冬季和春初放牧应晚出早归，遇雨雪寒冷等不良天气时停止放牧；春季放牧前应补饲精料和一定量的干草，防止腹泻；夏季宜早晚放牧，遇大露水天早上放牧时间应推迟；秋季放牧应早出晚归。

8.4 出栏

肉牛月龄达18个月以上，或体重达350kg以上可出栏。

9 疫病防控

9.1 免疫

9.1.1 应正确保存和使用疫苗，应按NY/T 1952进行免疫接种，肉牛场免疫程序见附录D。

9.1.2 应定期开展免疫监测，应提高肉牛养殖环节生物安全管理水平，促进疫病净化。

9.2 消毒

应按NY/T 3075执行。

9.3 驱虫

9.3.1 定期驱虫，春、秋各一次。若寄生虫污染严重，每月或每季度驱虫一次。

9.3.2 选择广谱、毒副作用小、高效安全的驱虫药交替使用。在大群驱虫时，先小群试验性驱虫，经观察无异常，再进行大群驱虫。

9.4 隔离

日常管理中经常观察牛群的健康状态，发现病牛或可疑病牛应及时隔离观察、诊断、治疗。被隔离病牛治愈后，经确认健康方可合群饲养。

9.5 灭蚊灭鼠

夏季应及时杀灭牛舍内蚊蝇，消除水坑等蚊蝇孳生地；定期定点投放灭鼠药，应及时收集死鼠和残余鼠药，进行无害化处理。

9.6 无害化处理

9.6.1 病死牛处理

病死或死因不明的牛，应按NY/T 3387规定进行无害化处理。

9.6.2 粪污处理

应符合GB 18596规定。

9.7 疫情报告

发生疫情应及时上报动物防疫部门，并迅速采取隔离等控制措施，防止疫情扩散。

9.8 休药期

应按NY/T 5030执行。

10 资料管理

10.1 养殖档案

牛场应做好养殖场档案管理。

10.2 记录信息及保存期限

所有工作记录表格信息应符合养殖场档案管理的相关规定，并保存20年以上。

附录A
（规范性）
规模养牛场牛舍建设技术参数

结构	舍脊高（m）	舍檐高（m）	牛床			饲料通道（m）	清粪通道（m）	粪尿沟	
			长（m）	宽（m）	坡度（%）			宽（cm）	深（cm）
钢架	4.0～5.0	2.5～3.5	1.6～2.0	1.0～1.4	1.5～2.0	2.5～3.0	1.5～2.0	35～40	10～15

附录B

（规范性）

不同生长阶段肉牛推荐配方及营养水平表

生长阶段	精料配方	精料补饲量（按体重%计算）	营养水平
犊牛	玉米52%、麸皮10%、豆饼27%、优质鱼粉9%、食盐0.5%、磷酸氢钙0.5%、维生素0.5%和微量元素0.5%	1周以后饲喂少量饲草料，1月龄饲喂0.5kg，2月龄1.0kg，3月龄1.5kg，4月龄1.5～2.0kg	净能13.08～15.49MJ/kg，粗蛋白236～759g/kg
怀孕母牛 初期	玉米粉55%、麸皮20%、豆粕20%、小苏打1%、预混料4%	归放后补饲精料0.8%	净能22.06～34.05MJ/kg，粗蛋白449～889g/kg
怀孕母牛 中期	玉米粉60%、麸皮15%、豆粕20%、小苏打1%、预混料4%	归放后补饲精料0.8%	净能22.06～34.05MJ/kg，粗蛋白449～889g/kg
怀孕母牛 后期	玉米粉58%、麸皮16%、豆粕21%、小苏打1%、预混料4%	归放后补饲精料0.8%	净能22.06～34.05MJ/kg，粗蛋白449～889g/kg
种公牛	玉米40%、糠麸类35%、豆饼20%、小苏打1%、预混料4%	归放后补饲精料0.5%	净能26.06～34.05MJ/kg，粗蛋白445～827g/kg
空怀母牛	玉米40%、糠麸类35%、豆饼20%、小苏打1%、预混料4%	归放后补饲精料0.5%	净能26.06～34.05MJ/kg，粗蛋白445～827g/kg
哺乳母牛	玉米60%、糠麸类15%、豆饼20%、小苏打1%、预混料4%	归放后补饲精料1.0%	净能26.06～34.05MJ/kg，粗蛋白372～1 336g/kg
架子牛	玉米57%、糠麸类25%、菜籽饼13%、小苏打1%、预混料4%	归放后补饲湿酒糟3%、精料1%	净能17.12～23.21MJ/kg，粗蛋白293～850g/kg
育肥牛	玉米61%、豆粕10%、菜籽饼10%、米糠13%、小苏打2%、预混料4%	草料5%，湿酒糟3%、精料1.0%～1.2%	净能24.65～34.05MJ/kg，粗蛋白421～1 011g/kg

附录C

（规范性）

不同生长阶段肉牛推荐精料补充料配方及营养水平表

生长阶段		精料配方	精料营养水平
犊牛		玉米52%、麸皮10%、豆饼27%、优质鱼粉9%、食盐0.5%、磷酸氢钙0.5%、维生素0.5%和微量元素0.5%	粗蛋白236.94g/kg、净能14.65MJ/kg、粗脂肪3.17%、粗纤维2.80%、钙0.97%、总磷0.75%、有效磷0.47%
怀孕母牛	初期	玉米粉55%、麸皮20%、豆粕20%、小苏打1%、预混料4%	粗蛋白163.8g/kg、净能14.18MJ/kg、粗脂肪3.14%、粗纤维3.75%、钙1.35%、总磷0.58%、有效磷0.25%
	中期	玉米粉60%、麸皮15%、豆粕20%、小苏打1%、预混料4%	粗蛋白159.95g/kg、净能14.41MJ/kg、粗脂肪3.13%、粗纤维3.54%、钙1.35%、总磷0.58%、有效磷0.25%
	后期	玉米粉58%、麸皮16%、豆粕21%、小苏打1%、预混料4%	粗蛋白164.34g/kg、净能14.36MJ/kg、粗脂肪3.11%、粗纤维3.61%、钙1.35%、总磷0.58%、有效磷0.25%
种公牛		玉米40%、糠麸类35%、豆饼20%、小苏打1%、预混料4%	粗蛋白154.66g/kg、净能14.64MJ/kg、粗脂肪3.02%、粗纤维4.52%、钙1.42%、总磷0.6%、有效磷0.28%
空怀母牛		玉米40%、糠麸类35%、豆饼20%、小苏打1%、预混料4%	粗蛋白154.66g/kg、净能14.64MJ/kg、粗脂肪3.02%、粗纤维4.52%、钙0.30%、总磷0.63%、有效磷0.47%
哺乳母牛		玉米60%、糠麸类15%、豆饼20%、小苏打1%、预混料4%	粗蛋白168.50g/kg、净能28.37MJ/kg、粗脂肪3.14%、粗纤维3.04%、钙1.42%、总磷0.64%、有效磷0.28%
架子牛		玉米57%、糠麸类25%、菜籽饼13%、小苏打1%、预混料4%	粗蛋白138.60g/kg、净能19.38MJ/kg、粗脂肪3.48%、粗纤维4.67%、钙1.36%、总磷0.63%、有效磷0.27%
育肥牛		玉米61%、豆粕10%、菜籽饼10%、米糠13%、小苏打2%、预混料4%	粗蛋白154.60g/kg、净能26.43MJ/kg、粗脂肪4.26%、粗纤维3.26%、钙1.27%、总磷0.54%、有效磷0.24%

附录D
（规范性）
肉牛场免疫程序

年龄	预防疫病	疫苗（菌苗）名称	接种方法	备注
3月龄	口蹄疫	口蹄疫O-H灭活疫苗	按使用说明书操作	免疫期6个月
	牛传染性结节病	用山羊痘弱毒疫苗	按使用说明书5倍剂量操作	免疫期1年
9月龄	口蹄疫	口蹄疫O-H灭活疫苗	按使用说明书操作	免疫期6个月
15月龄	口蹄疫	口蹄疫弱毒苗	按使用说明书操作	免疫期6个月
	牛传染性结节病	用山羊痘弱毒疫苗	按使用说明书5倍剂量操作	免疫期1年
21月龄	口蹄疫	口蹄疫弱毒苗	按使用说明书操作	免疫期6个月
成年牛	口蹄疫	口蹄疫弱毒苗	按使用说明书操作	免疫期6个
	牛传染性结节病	用山羊痘弱毒疫苗	按使用说明书5倍剂量操作	免疫期1年

ICS 65.020.30
B 43

DB52

贵　州　省　地　方　标　准

DB52/T 1257.1—2017

贵州肉牛生产技术规范
第1部分：规模化肉牛场引种及育肥牛引进

Technical specification for Guizhou beef cattle production
Part 1：Introduction of large-scale beef cattle and introduction of fattening cattle

2017-12-08 发布　　2018-05-08 实施

贵州省质量技术监督局　发布

前　言

本标准按照GB/T 1.1—2009《标准化工作导则　第1部分：标准的结构和编写》给出的规则起草。

请注意本文件的某些内容可能涉及专利，本文件的发布机构不承担识别这些专利的责任。

本标准由贵州省畜牧兽医研究所提出。

本标准由贵州省农业委员会归口。

本标准起草单位：贵州省畜牧兽医研究所、贵州省标准化院。

本标准主要起草人：刘镜、何光中、张正群、孙元飞、余波、徐龙鑫、谭尚琴。

本标准为DB52/T 1257—2017的第1部分。

贵州肉牛生产技术规范
第1部分：规模化肉牛场引种及育肥牛引进

1 范围

本标准规定了规模化肉牛场引种计划、引进肉牛的选择、牛的运输、隔离期的饲养管理、转群、病死牛处理、资料保存的要求。

本标准适用于规模化肉牛场引种及育肥牛引进。

2 规范性引用文件

下列文件对于本文件的应用是必不可少的。凡是注日期的引用文件，仅所注日期的版本适用于本文件。凡是不注日期的引用文件，其最新版本（包括所有的修改单）适用于本文件。

NY 5126 无公害食品 肉牛饲养兽医防疫标准

NY 5030 无公害食品 兽药使用准则

农医发〔2010〕20号《反刍动物产地检疫规程》

农医发〔2013〕34号《病死动物无害化处理技术规范》

3 术语和定义

下列术语和定义适用于本文件。

3.1

规模化肉牛场

经当地农业、工商等行政主管部门批准，具有法人资格，年肉牛出栏大于或等于200头的肉牛养殖场。

3.2

育肥场

以生产育肥牛为目的的规模化肉牛养殖场。

3.3

公牛一级

体质健康，膘情中上等，腰角明显而不突出，肋骨微露而不显，垂肉显露而不丰。

3.4

母牛二级

被毛色泽光亮，胸深宽，腰背平直，后躯宽大，四肢健壮，乳头大小适中排列整齐，无瞎乳头，精神饱满，反应敏捷。

4 引种计划

4.1 品种选择

4.1.1 根据贵州省肉牛品种改良规划、牛场生产方向、生产条件确定引进品种。

4.1.2 母牛繁育场可引进西门塔尔杂交牛、安格斯杂交牛、利木赞杂交牛等作为母本；肉牛育肥场可引进本地牛、本地杂交牛、省外杂交牛。

4.1.3 种公牛引进品种为西门塔尔牛、安格斯牛、利木赞牛。

4.2 引种区域

根据原产地区与引进地区之间生态环境相似的原则及肉牛市场供求状况引种。

4.3 引种季节

春、秋季节引种为宜，避免气温低于0℃或者高于30℃的严寒酷暑天气引种。

4.4 引进牛检疫

按照《反刍动物产地检疫规程》（农医发〔2010〕20号）有关规定执行。省内调运种用、反刍动物的饲养场应具备《种畜禽生产经营许可证》和《动物防疫条件合格证》，查验养殖档案，确认饲养场近6个月内未发生相关动物疫情。

4.5 准备隔离场

4.5.1 种牛引进前，应对隔离场进行清洗、消毒，准备充足的饲料和药品。

4.5.2 种牛引进后，按照《反刍动物产地检疫规程》（农医发〔2010〕20号）进行隔离期观察，经兽医检疫确定健康合格后，再转入肉牛养殖场饲养。

5 引进肉牛的选择

5.1 种牛引种

5.1.1 系谱档案

查阅所引种牛应具备3代以上的系谱档案记载，有家族遗传病和有害基因的牛不能引进。

5.1.2 生产性能

根据所引进种牛的品种要求，公牛达到一级以上，母牛达到二级以上。

5.1.3 体型外貌

选择符合本品种特征、膘情中等偏上、体型匀称、健康无病的个体。

5.1.4 年龄和体重

5.1.4.1 本地种牛引进要求6月龄以上，种公牛体重不低于130kg，种母牛体重不低于110kg。

5.1.4.2 省外种牛引进要求1岁以上，种公牛体重不低于280kg，种母牛体重不低于240kg。

5.1.5 胎次选择

引进种牛应选择2胎以上种母牛的后代。

5.2 育肥牛引进

5.2.1 体型外貌

健康无病、体型匀称、毛色尽量一致。

5.2.2 年龄和体重

本地杂交牛半岁以上，体重120kg以上；省外杂交牛1岁以上，体重250kg以上，同一批次引入育肥牛的年龄、体重相近，产地相同。

6 牛的运输

6.1 车辆消毒

运输前，对运输车辆、围栏、用具应采用消毒液进行消毒。

6.2 随车人员配备

随车应配备兽医及饲养人员。

6.3 运输密度

根据牛的年龄、体重进行分群，运输车辆装载密度不超过300kg/m^2。

6.4 饲养管理

在运输过程中，押运人员为肉牛提供的饲料和饮水应符合NY 5030的要求；应注意观察动物有无异常情况。

6.5 安全措施

运输途中每4h应检查车辆和牛状况1次，途中采取相应的安全措施，确保人、畜安全。

7 隔离期的饲养管理

7.1 隔离

引进牛群按照NY 5126有关要求进行隔离观察。

7.2 饲养

牛进场当天不喂精料，先供给清洁饮水，并在水里添加抗应激药物，6h后饲喂少量优质青干草，逐步增加饲喂量，过渡期为5～7d。

7.3 防疫

兽医防疫应符合NY 5126的有关规定，兽药的使用应符合NY 5030的有关规定。

8 转群

隔离观察结束后，经诊断检查确定健康无病后，转入肉牛场。

9 病死牛处理

对病死牛按照《病死动物无害化处理技术规范》的规定处理。

10 资料保存

保存引进种牛及育肥牛的原始资料。

ICS 65.020.30
B 43

DB52

贵　州　省　地　方　标　准

DB52/T 1257.2—2017

贵州肉牛生产技术规范
第2部分：生产性能测定

Technical specification for Guizhou beef cattle production
Part 2：Production performance measurement

2017-12-08 发布　　2018-05-08 实施

贵州省质量技术监督局　发布

前　言

本标准按照GB/T 1.1—2009《标准化工作导则　第1部分：标准的结构和编写》给出的规则起草。

请注意本文件的某些内容可能涉及专利，本文件的发布机构不承担识别这些专利的责任。

本标准由贵州省畜牧兽医研究所提出。

本标准由贵州省农业委员会归口。

本标准起草单位：贵州省畜牧兽医研究所、贵州省标准化院。

本标准主要起草人：何光中、刘镜、徐龙鑫、孙元飞、张麟、周文章。

本标准为DB52/T 1257—2017的第2部分。

贵州肉牛生产技术规范
第2部分：生产性能测定

1　范围

本标准规定了肉牛生长发育性能、肥育性能、胴体性状、肉质性状的测定指标及方法、性能测定报告的编写。

本标准适用于贵州肉牛生产、品种选育中的生产性能测定。

2　规范性引用文件

下列文件对于本文件的应用是必不可少的。凡是注日期的引用文件，仅所注日期的版本适用于本文件。凡是不注日期的引用文件，其最新版本（包括所有的修改单）适用于本文件。

GB/T 5009.6　食品安全国家标准　食品中脂肪的测定

NY 676　牛肉等级规格

NY 1180　肉嫩度的测定　剪切力测定法

3　术语和定义

下列术语和定义适用于本文件。

3.1

性能测定

对肉牛个体性状表型值进行客观评定的过程。

3.2

空腹重

早晨肉牛未进食前的体重。

3.3

肌肉脂肪含量

眼肌内的脂肪含量。

3.4

饲料转化率

每生产单位重量的产品所耗用饲料的数量，通常以料重比表示。

4　测定内容

4.1　生长发育性能

初生、6月龄、12月龄、18月龄、24月龄、36月龄的体重及体尺指标。

4.2　育肥性能

育肥始重、育肥终重、日增重、饲料转化率。

4.3　胴体指标

宰前活重、胴体重、屠宰率、净肉率、骨肉比、眼肌面积、背膘厚。

4.4　肉质指标

肉色、脂肪颜色、大理石花纹、剪切力值、滴水损失、肌肉脂肪含量。

5　生长发育性能的测定

5.1　测定要求

5.1.1　被测肉牛的姿势

测量时，肉牛头部前伸、自然端正地站在平坦、坚实的地面上。

5.1.2　测量用具

测量工具应校准，用测杖测量体高、体斜长；用软尺测量胸围、管围和腹围；用盆测器测量坐骨端宽。

5.2　体重

5.2.1　测定6月龄、12月龄、18月龄、24月龄、36月龄的体重，连续测定空腹重2d，取其平均值。犊牛出生后未吃初乳时测定其初生重。

5.2.2　测定用灵敏度≤0.1kg的磅秤称量，保留一位小数。

5.3　体尺

5.3.1　体高

由鬐甲最高点至地面的垂直距离。

5.3.2　体斜长

由肩端前缘至同侧坐骨端的距离。

5.3.3　胸围

肩胛骨后角垂直体轴绕胸一周的周长。

5.3.4　腹围

于十字部（髋结节）前缘测量腹部最大处的垂直周径。

5.3.5　管围

管骨最细处的周长，一般在左前肢胫骨由下向上1/3处测量。

5.3.6　坐骨端宽

坐骨端外缘的直线距离。

6 肥育性能测定

6.1 育肥始重

预饲期结束，育肥期正式开始时，育肥牛的空腹重。

6.2 育肥末重

育肥期结束时，育肥牛的空腹重。

6.3 育肥期日增重

按照公式（1）计算。

$$育肥期日增重（kg/d）=\frac{W_2-W_1}{n} \quad (1)$$

式中：

W_1——育肥始重（kg）；

W_2——育肥末重（kg）；

n——育肥天数（d）。

6.4 饲料转化率

测定期内，被测牛应单槽饲喂，每天称量被测牛的精饲料采食量，粗饲料自由采食。按照公式（2）计算。

$$饲料转化率=\frac{\sum_{i=1}^{n}X_i}{W_4-W_3} \quad (2)$$

式中：

n——测定的天数（d）；

X_i——第i天的精饲料采食量（kg）；

W_3——测定开始时被测牛空腹重（kg）；

W_4——测定结束时被测牛空腹重（kg）。

7 胴体性状测定

7.1 宰前活重

宰前禁食24h后，临宰前实际活重。

7.2 胴体重

屠宰后剥皮，去头、尾、四肢、内脏等剩下的部分的重量。

7.3 屠宰率

按照公式（3）计算。

$$屠宰率（\%）=\frac{W_6}{W_5}\times 100 \quad (3)$$

式中：

W_5——宰前活重（kg）；

W_6——胴体重（kg）。

7.4　净肉率

按照公式（4）计算。

$$净肉率（\%）=\frac{W_7}{W_5}\times 100 \quad (4)$$

式中：

W_5——宰前活重（kg）；

W_7——净肉重（kg）。

7.5　肉骨比

按照公式（5）计算。剔骨时，要求骨头带肉不超过2～3kg。

$$肉骨比（\%）=\frac{W_7}{W_8}\times 100 \quad (5)$$

式中：

W_7——净肉重（kg）；

W_8——骨重（kg）。

7.6　眼肌面积

7.6.1　宰前

屠宰前，利用超声波活体测膘仪测定，具体测定方法见附录A。

7.6.2　宰后

屠宰后，取左半胴体，将第12～13肋骨间处的眼肌垂直切断，用硫酸纸将眼肌描出直接计算出眼肌面积（每一小格1cm^2），单位为平方厘米（cm^2）。

7.7　背膘厚

7.7.1　宰前

屠宰前，利用超声波活体测膘仪测定，具体测定方法见附录A。

7.7.2　宰后

屠宰后，取左半胴体第12～13肋骨间眼肌横切面，从靠近脊柱一端起，在眼肌长度的3/4处，用游标卡尺垂直于外表面测量背膘厚度，单位为厘米（cm）。

7.8　胴体等级

按照NY/T 676的规定执行。

8 肉质性状测定

8.1 肉色、脂肪颜色、大理石花纹

测定部位为第12～13肋骨间的眼肌横切面，测定方法按照NY/T 676的规定执行。

8.2 剪切力值

取第12～13肋骨间的眼肌，剔除眼肌周围的脂肪和筋膜，沿平行于眼肌横切面的方向，切厚度为3～4cm整块肉样后，按照NY/T 1180的规定执行。

8.3 肌肉脂肪含量

8.3.1 宰前

屠宰前，利用超声波活体测膘仪测定，具体测定方法见附录A。

8.3.2 宰后

屠宰后，取第12～13肋骨间的眼肌，剔除眼肌周围的脂肪和筋膜，沿平行于眼肌横切面的方向，切厚度约为0.5cm的肉样，每2～3片混合成一份样品，每份样品取样为50～150g，按照GB/T 5009.6进行测定。

8.4 pH值

屠宰后45～60min内，将pH测定仪探头插入胴体四分体第12～13肋骨间背最长肌内，待读数稳定5s以上，记录结果。胴体在0～4℃下冷却24h后，再测一次并记录结果。

8.5 滴水损失

宰后2h，取第12～13肋骨间处眼肌，剔除眼肌外周的脂肪和筋膜，顺肌纤维走向修成长、宽、高为5cm×3cm×2cm的肉条，称重。用细铁丝钩住肉条的一端，使肌纤维垂直向下，悬挂于食品袋中央（避免肉样与食品袋壁接触）；然后用棉线将食品袋与吊钩一起扎紧，在0～4℃条件下吊挂24h后，取出肉条并用滤纸轻轻拭去肉样表层汁液后称重，并按照公式（6）计算。

$$滴水损失（\%）=\frac{W_9-W_{10}}{W_9}\times 100 \qquad （6）$$

式中：

W_9——吊挂前肉条重（kg）；

W_{10}——吊挂后肉条重（kg）。

9 性能测定报告

测定结束后，编写测定报告。具体格式见附录B。

附录A
（规范性附录）
超声波活体测定方法

A.1　仪器名称

兽用B超仪。

A.2　设备组成

主机、超声波探头及连接线、台车、耦合剂或植物油。

A.3　测量项目

肌肉脂肪含量、眼肌面积、背膘厚。

A.4　测量操作流程

A.4.1　将待测肉牛绑定在保定架内。

A.4.2　刷拭第12～13肋骨间测定部位的牛毛，并涂抹耦合剂。

A.4.3　用超声波探头平行按压在牛体左侧第12～13肋骨间脊柱侧下方，直至超声波扫描仪主机出现清晰的图像，然后计算肌肉脂肪含量。

A.4.4　用超声波探头垂直按压在牛体左侧第12～13肋骨间脊柱侧下方约5cm处测定，直至超声波扫描仪主机出现清晰的牛眼肌轮廓和大理石花纹，然后计算眼肌面积和背膘厚。

A.5　注意事项

A.5.1　牛只应自然端正地站在平坦、坚实的地面上，头部前伸。

A.5.2　测定部位应刷拭干净，涂抹足量的耦合剂或色拉油。

A.5.3　超声波探头应紧贴牛的皮肤。

A.5.4　操作人员应有1年以上的超声波活体测定经验。

附录B
（规范性附录）
肉牛个体性能测定记录

表B.1　肉牛生产性能测定记录

测定单位（盖章）：＿＿＿＿＿＿＿测定人/填表人：＿＿＿＿＿＿＿日期：＿＿＿＿＿＿

牛号		所属养殖场		性别	
出生日期		含血缘比例		备注	

系谱	亲代	牛号	出生日期	品种	备注	胴体性状测定	胴体重	
	父亲						胴体等级	
	母亲						屠宰率	
	祖父						净肉率	
	祖母						肉骨比	
	外祖父						背膘厚	
	外祖母						大理石花纹	

月龄	体重（kg）、体尺指标（cm）								
	体重	体高	体斜长	胸围	腹围	管围	十字部高	坐骨端宽	备注
初生									
3月龄									
6月龄									
12月龄									
18月龄									
24月龄									
36月龄									

肉质性状测定	剪切力		超声波活体测定	测定日期	背膘厚	眼肌面积	大理石花纹	肌肉脂肪含量
	肉色							
	脂肪颜色							
	pH值							
	滴水损失							

育肥阶段	日增重	饲料转化率	备注

ICS 65.020.30
B 43

DB52

贵　州　省　地　方　标　准

DB52/T 1257.3—2017

贵州肉牛生产技术规范
第3部分：养殖场档案管理

Technical specification for Guizhou beef cattle production
Part 3：Farm file management

2017-12-08 发布　　2018-05-08 实施

贵州省质量技术监督局　发布

前　言

本标准按照GB/T 1.1—2009《标准化工作导则　第1部分：标准的结构和编写》给出的规则起草。

请注意本文件的某些内容可能涉及专利，本文件的发布机构不承担识别这些专利的责任。

本标准由贵州省畜牧兽医研究所提出。

本标准由贵州省农业委员会归口。

本标准起草单位：贵州省畜牧兽医研究所、贵州省标准化院。

本标准主要起草人：刘镜、何光中、孙元飞、李干洲、徐龙鑫、张麟。

本标准为DB52/T 1257—2017的第3部分。

贵州肉牛生产技术规范
第3部分：养殖场档案管理

1　范围

本标准规定了贵州肉牛养殖场建档要求、建档内容、档案管理。

本标准适用于贵州肉牛养殖场档案资料的收集、保管和使用。

2　建档要求

2.1　贵州肉牛杂交改良、品种选育的单位，都应建立自己的育种档案室或专用档案柜。

2.2　在选育区范围内应建立健全养殖档案。

2.3　凡参与贵州肉牛杂交改良、选育专业养殖户饲养的各类育种群应由县级畜牧兽医行政部门指导建立健全档案。

3　建档内容

3.1　牛群的生产记录，如初生、死淘、调运记录；外貌鉴定、体尺测定记录、称重记录、配种记录、产犊记录、耳号等原始记录以及汇总表，见附录D、附录E。

3.2　饲养管理记录如饲料配方、饲喂方式、饮水、牛群调整、犊牛去势、修蹄、牛体刷拭等日常饲养管理记录。

3.3　疫病防治记录、免疫记录、驱虫、疾病治疗记录。

3.4　消毒及无害化记录，如日常消毒记录、无害化处理、重大疫病检测记录。

3.5　种牛卡片及建卡所依据的有关资料

3.5.1　种公牛卡片、种母牛卡片，见附录A和附录B。

3.5.2　个体外貌鉴定表，见附录C。

3.5.3　增重效果登记表。

3.5.4　贵州肉牛繁殖记录表。

3.6　其他资料

3.6.1　与肉牛杂交改良、选育有关的会议文件及会议记录。

3.6.2　与肉牛杂交改良、选育有关的试验方案设计、试验记录及试验总结报告。

3.6.3　公开发表的相关文章及著作。

3.6.4　项目申请的原始资料、执行情况、结题报告、项目获奖材料及获奖情况等。

3.6.5　其他有关贵州肉牛杂交改良、选育的文字、图片、音像资料。

4　档案管理

4.1　建立健全档案管理制度，明确养殖档案的搜集、整理、归档、保管、使用、销毁等实施细则及其管理人员和负责人的职责。

4.2　肉牛养殖档案资料应设专人专柜保存。

4.3　参与肉牛杂交改良、选育工作的所有人员，形成的所有方案和相关材料，均归入档案室保管，个人不得长期占存，需用时经主管领导批准后方可借阅。

4.4　档案资料要科学管理，要与肉牛良种登记系统结合，推行微机建档管理，建立各级档案管理网络，加强育种信息交流和资源共享。

4.5　档案资料的保存期、失效和销毁。

附录A
（规范性附录）
种公牛卡片

表A.1　种公牛卡片

<table>
<tr><td>牛号</td><td colspan="2"></td><td colspan="2">出生地点</td><td colspan="2"></td><td>出生日期</td><td colspan="2"></td></tr>
<tr><td>父（牛号）</td><td colspan="2"></td><td>母（牛号）</td><td></td><td colspan="2">祖父</td><td colspan="3">外祖父</td></tr>
<tr><td>鉴定年龄</td><td colspan="2"></td><td>鉴定年龄</td><td></td><td>牛号</td><td></td><td>牛号</td><td colspan="2"></td></tr>
<tr><td>体高</td><td colspan="2"></td><td>体高</td><td></td><td>体重</td><td></td><td>体重</td><td colspan="2"></td></tr>
<tr><td>体斜长</td><td colspan="2"></td><td>体斜长</td><td></td><td>等级</td><td></td><td>等级</td><td colspan="2"></td></tr>
<tr><td>胸围</td><td colspan="2"></td><td>胸围</td><td></td><td colspan="2">祖母</td><td colspan="3">外祖母</td></tr>
<tr><td>坐骨端宽</td><td colspan="2"></td><td>坐骨端宽</td><td></td><td>牛号</td><td></td><td>牛号</td><td colspan="2"></td></tr>
<tr><td>体重</td><td colspan="2"></td><td>体重</td><td></td><td>体重</td><td></td><td>体重</td><td colspan="2"></td></tr>
<tr><td>等级</td><td colspan="2"></td><td>等级</td><td></td><td>等级</td><td></td><td>等级</td><td colspan="2"></td></tr>
<tr><td rowspan="6">生产性能测定及鉴定成绩</td><td rowspan="2">年度</td><td rowspan="2">年龄</td><td rowspan="2">体重</td><td colspan="4">体尺</td><td rowspan="2">鉴定结果</td><td rowspan="2">等级</td></tr>
<tr><td>体高</td><td>体斜长</td><td>胸围</td><td>坐骨端宽</td></tr>
<tr><td></td><td></td><td></td><td></td><td></td><td></td><td></td><td></td><td></td></tr>
<tr><td></td><td></td><td></td><td></td><td></td><td></td><td></td><td></td><td></td></tr>
<tr><td></td><td></td><td></td><td></td><td></td><td></td><td></td><td></td><td></td></tr>
<tr><td></td><td></td><td></td><td></td><td></td><td></td><td></td><td></td><td></td></tr>
<tr><td rowspan="5">配种及后裔鉴定汇总</td><td colspan="2">与配种母牛数</td><td colspan="2">产犊母牛数</td><td>产犊数</td><td colspan="4">后裔品质</td></tr>
<tr><td colspan="2"></td><td colspan="2"></td><td></td><td>特级</td><td>一级</td><td colspan="2">二级</td></tr>
<tr><td colspan="2"></td><td colspan="2"></td><td></td><td></td><td></td><td colspan="2"></td></tr>
<tr><td colspan="2"></td><td colspan="2"></td><td></td><td></td><td></td><td colspan="2"></td></tr>
<tr><td colspan="2"></td><td colspan="2"></td><td></td><td></td><td></td><td colspan="2"></td></tr>
</table>

附录B
（规范性附录）
种母牛卡片

表B.1　种母牛卡片

牛号		出生地点		出生日期	

父（牛号）		母（牛号）		祖父		外祖父	
鉴定年龄		鉴定年龄		牛号		牛号	
体高		体高		体重		体重	
体斜长		体斜长		等级		等级	
胸围		胸围		祖母		外祖母	
坐骨端宽		坐骨端宽		牛号		牛号	
体重		体重		体重		体重	
等级		等级		等级		等级	

生产性能测定及鉴定成绩	年度	年龄	体重	体尺				鉴定结果	等级
				体高	体斜长	胸围	坐骨端宽		

历年配种产犊成绩	与配种公牛		产犊情况					用途
	牛号	等级	公母	初生重	断奶重	周岁鉴定结果	等级	

附录C
（规范性附录）
个体鉴定记录表

表C.1 个体鉴定记录

群体：____________性别：______年龄：______鉴定日期：______鉴定人：______记录人：______

牛号	父号	母号	体重	体高	胸围	体斜长	臀端宽	等级	备注

附录D

（规范性附录）

良种肉用母牛系谱

______市______县______乡镇______村组______畜主（养殖场）______备注

牛只情况	牛号		良种登记号		来源	
	品种		出生日期		登记日期	
	毛色特征		初生重		登记人	

系谱	父牛号				照片
	品种		祖父牛号		
	出生日期		品种		
	初生重		祖母牛号		
	断奶重		品种		
	母牛号				
	品种		外祖父牛号		
	出生日期		品种		
	初生重		外祖母牛号		
	断奶重		品种		

生长发育情况	项目	体重（kg）	体高（cm）	体斜长（cm）	胸围（cm）	管围（cm）	胸宽（cm）	尻宽（cm）	测量日期	备注
	初生重									
	6月龄									
	12月龄									
	18月龄									
	24月龄									
	36月龄									
	成年									

（续表）

	项目	胎次1	胎次2	胎次3	胎次4	胎次5	胎次6
妊娠情况	始配日期						
	始配月龄						
	配妊日期						
	配妊次数						
	公牛号						
	妊娠天数						
产犊情况	项目	胎次1	胎次2	胎次3	胎次4	胎次5	胎次6
	出生日期						
	性别						
	毛色						
	初生重						
	编号						
	健康情况						
	产犊情况						

附录E
（规范性附录）
本地牛杂交改良登记表（册）

______市______县______乡镇______村（点）

本乡镇村（点）______人，______户，其中养牛户______户，饲养3～5头______户，饲养6～10头______户，饲养10头以上______户，年饲养牛______头，存栏______头，适配母牛______头

序号	母牛			第一次配种			第二次配种			第三次配种			备注
	品种	毛色	牛号	公牛号	品种	日期	公牛号	品种	日期	公牛号	品种	日期	

ICS 65.020.30
B 43

DB52

贵　州　省　地　方　标　准

DB52/T 1257.4—2017

贵州肉牛生产技术规范 第4部分：卫生管理及疫病预防

Technical specification for Guizhou beef cattle production
Part 4: Health management and disease prevention

2017-12-08 发布　　2018-05-08 实施

贵州省质量技术监督局　发布

前　言

本标准按照GB/T 1.1—2009《标准化工作导则　第1部分：标准的结构和编写》给出的规则起草。

请注意本文件的某些内容可能涉及专利，本文件的发布机构不承担识别这些专利的责任。

本标准由贵州省畜牧兽医研究所提出。

本标准由贵州省农业委员会归口。

本标准起草单位：贵州省畜牧兽医研究所、贵州省标准化院。

本标准主要起草人：何光中、刘镜、徐龙鑫、孙元飞、罗治华、张正群、李干洲、龙玲。

本标准为DB52/T 1257—2017的第4部分。

贵州肉牛生产技术规范
第4部分：卫生管理及疫病预防

1　范围

本标准规定了肉牛场的卫生管理、卫生消毒、疫病预防、引进肉牛的防疫要求、紧急免疫、寄生虫病的防治、无害化处理。

本标准适用于贵州肉牛养殖的卫生管理和疫病预防。

2　规范性引用文件

下列文件对于本文件的应用是必不可少的。凡是注日期的引用文件，仅所注日期的版本适用于本文件。凡是不注日期的引用文件，其最新版本（包括所有的修改单）适用于本文件。

NY 5030　无公害食品　兽药使用准则

NY 5126　无公害食品　肉牛饲养兽医防疫准则

农医发〔2010〕20号《反刍动物产地检疫规程》

农医发〔2010〕33号《跨省调运乳用种用动物产地检疫规程》

农医发〔2013〕34号《病死动物无害化处理技术规范》

3　卫生管理

3.1　人员

3.1.1　工作人员应定期体检，身体健康者方可上岗，生产人员进入生产区应淋浴消毒，更换衣鞋，工作服保持清洁卫生，定期5～7d消毒。

3.1.2　生产人员应掌握动物卫生基本常识，坚守工作岗位，舍内人员不宜串岗，用具不宜串换使用。仔细观察牛群健康状况，发现异常，立即报告，并采取相应措施。

3.1.3　场内兽医不准对外诊疗动物疫病，不得在场外兼职，配种人员不准对外从事配种工作。

3.1.4　牛场应谢绝参观，必须参观时，应按消毒程序消毒，按工作人员指定的线路参观。

3.2　环境、用具

3.2.1　保持牛场内外环境及用具清洁卫生，定期消毒，夏季隔15～30d，冬季隔30～45d，进行1次消毒。

3.2.2　随时清除圈舍及周围的杂物，定期灭鼠、蚊蝇，及时收集死鼠和残余药物，并做无害化处理。

3.2.3 场外车辆、用具不宜进入生产区，饲料、粪便、污物由场内转车运输，运输车辆严格消毒。

4 卫生消毒

4.1 消毒药物

按照NY 5030的要求选用药物，常用消毒药物的使用及其注意事项见附录A。

4.2 消毒方法

4.2.1 喷雾消毒

选用适合的消毒药物，按照产品说明使用。

4.2.2 洗涤消毒

选用适合的消毒药物，按照产品说明使用。

4.2.3 熏蒸消毒

按照NY 5126的规定消毒。

4.2.4 紫外消毒

在兽医室、更衣室等特定场所，安装紫外线灯消毒。

4.2.5 喷撒消毒

对需要消毒的场所，用生石灰或烧碱消毒。

4.3 消毒措施

4.3.1 牛场环境消毒

在大门口、牛舍入口设消毒池，使用2%的火碱溶液消毒，定期更换；牛舍周围环境每3～4个月用2%烧碱或撒生石灰消毒；场周围及场内污水池、排粪坑、水道出口每月用漂白粉消毒1次。

4.3.2 人员消毒

工作人员进入生产区净道和牛舍应进行更衣和喷雾消毒。严格控制外来人员进入生产区，必要时，应更换场区工作服和鞋，遵守场区防疫制度，按指定线路行走。

4.3.3 牛舍消毒

牛出栏后，彻底清扫牛舍，全面消毒。

4.3.4 用具消毒

定期对饲槽、饲料车、料箱等用具进行喷雾消毒或熏蒸消毒。

4.3.5 带牛消毒

选择适合的药物进行定期消毒。

5 疫病预防

5.1 传染病必须免疫预防。

5.2 应根据各地发生疫病的流行病学情况，因病设防。

5.3 疫（菌）苗应妥善保存和正确使用。

6 引进肉牛的防疫要求

6.1 引进牛的检疫工作

按照《跨省调运乳用种用动物产地检疫规程》和《反刍动物产地检疫规程》要求引种及检疫。

6.2 用具消毒

运输工具和饲养用具应在装载前清扫、刷洗和消毒。经当地动物防疫监督机构检疫合格，发给运输检疫和消毒合格证明。

6.3 装运检查

装运时，当地动物防疫监督机构应派人到现场进行监督检查。

6.4 途中管理

运输途中，不准在疫区停留和装填草料、饮水及其他相关物资，押解员应经常观察牛的健康状况，发现异常及时与当地动物防疫监督机构联系，按有关规定处理。

6.5 隔离观察

运到后，在隔离场观察20～35d，在此期间进行群体和个体检疫，经检查确认健康者，方可供繁殖、生产使用。场内禁止养禽、犬、猪及其他动物，禁止场外畜禽或其他动物进入场内。

7 紧急免疫

发生疫病时，针对疫病流行特点，对疫区和受威胁区域尚未发病的牛进行紧急免疫。

8 寄生虫病的防治

针对疥癣虫、蛔虫、焦虫、绦虫等寄生虫病，每年春、秋两季应对牛群进行驱虫。

9 无害化处理

9.1 对病死牛按照《病死动物无害化处理技术规范》规定处理。

9.2 隔离、饲养、诊治有治疗价值的病牛。

9.3 粪尿应集中堆放，发酵处理后，方可运出。

附录A
（规范性附录）
常用消毒药物的使用及其注意事项

A.1 碱类消毒剂

A.1.1 生石灰（氧化钙）：1kg生石灰加水350mL，可杀灭病毒、虫卵，可用来消毒地面、墙壁等。但消毒作用不强，仅对部分繁殖型细菌有效，对芽孢无效。生石灰必须与水混合后使用才有效，宜现用现配。

A.1.2 火碱（氢氧化钠）：配成2%～3%的溶液，用于消毒养殖场出入口、运输工具、料槽、墙壁、运动场等。火碱对细菌、病毒、细菌芽孢、寄生虫卵均具有较强的杀灭作用，但腐蚀性很强，切记要防止被溅到皮肤上。

A.2 卤素类消毒剂

A.2.1 漂白粉：配成10%～20%的水溶液喷洒消毒，可杀灭除虫卵以外的病原体。

A.2.2 由于漂白粉中的氯易挥发，所以作用时间较短，为1～2h，且消毒效果不稳定，不能用于金属物体消毒。

A.3 醛类消毒剂

A.3.1 福尔马林（40%甲醛溶液）：广谱杀菌剂，能迅速杀灭细菌、病毒、芽孢、霉菌。主要用于空舍的熏蒸消毒，每1m^{3}用30mL福尔马林加15g高锰酸钾熏蒸2～4h，熏蒸前需喷水增湿，熏蒸时门窗需紧闭，熏蒸后通风换气。

A.3.2 2%～4%的福尔马林溶液可用于地面、墙壁、用具消毒。

A.4 碘类消毒剂

碘伏：中效消毒剂，可杀灭细菌繁殖体、真菌、病毒、结核杆菌（分枝杆菌）等（细菌芽孢除外），杀菌浓度为5～10mg/L，用于皮肤、手、黏膜、物体表面的消毒。

A.5 酸类制剂

A.5.1 过氧乙酸：强氧化剂，化学性质很不稳定。应现用现配，对皮肤、黏膜有腐蚀作用，对细菌、病毒、霉菌、芽孢均有杀灭作用。

A.5.2 可配制0.4%～1%水溶液进行喷雾消毒，作用时间为1～2h；也可按1～3g/m^3，稀释成3%～5%的溶液，加热熏蒸1～2h，用于空舍的熏蒸消毒，可杀灭除虫卵以外的病原体，高浓度过氧乙酸加热至60℃时易引起爆炸。

A.6 季铵盐类消毒剂

A.6.1 百毒杀（双季铵盐）：对各种病原均具有很强的杀灭作用，且该类消毒剂具有安全、高效、无刺激、无腐蚀的特性。

A.6.2 常用于用具、圈舍、环境的消毒（浓度0.01%～0.03%）和饮水消毒（浓度0.005%～0.01%），消毒作用可持续10～14d。

ICS 65.020.30
B 43

DB52

贵　州　省　地　方　标　准

DB52/T 1257.5—2017

贵州肉牛生产技术规范
第5部分：寄生虫病防治

Technical specification for Guizhou beef cattle production
Part 5：Prevention and cure of parasitosis

2017-12-08 发布　　2018-05-08 实施

贵州省质量技术监督局　发布

前 言

本标准按照GB/T 1.1—2009《标准化工作导则　第1部分：标准的结构和编写》给出的规则起草。

请注意本文件的某些内容可能涉及专利，本文件的发布机构不承担识别这些专利的责任。

本标准由贵州省畜牧兽医研究所提出。

本标准由贵州省农业委员会归口。

本标准起草单位：贵州省畜牧兽医研究所、贵州省标准化院。

本标准主要起草人：何光中、刘镜、徐龙鑫、孙元飞、张正群、罗治华、张晓可。

本标准为DB52/T 1257—2017的第5部分。

贵州肉牛生产技术规范
第5部分：寄生虫病防治

1　范围

本标准规定了肉牛寄生虫病的防治原则、防治对象、常见寄生虫病防治技术。

本标准适用于贵州肉牛养殖肉牛寄生虫病的防治。

2　规范性引用文件

下列文件对于本文件的应用是必不可少的。凡是注日期的引用文件，仅所注日期的版本适用于本文件。凡是不注日期的引用文件，其最新版本（包括所有的修改单）适用于本文件。

NY 5027　无公害食品　畜禽饮用水水质

3　术语与定义

下列术语和定义适用于本文件。

3.1

预防性驱虫

当某些蠕虫在牛体内还未发育成熟时就使用药物进行驱除，或在一些原虫病多发地区在临床症状还未表现出来前就进行驱虫，称为预防性驱虫。

3.2

治疗性驱虫

经诊断牛只已感染寄生虫病，针对不同寄生虫病情况，选用有针对性的、特异的抗寄生虫药物进行治疗，称为治疗性驱虫。

3.3

体外寄生虫病

包括牛螨病、牛皮蝇蛆病、牛虱、蜱、蚊等。

3.4

体内寄生虫病

主要有牛肝片形吸虫病、焦虫病、消化道线虫病、蛔虫病、莫尼茨绦虫病、牛球虫病等。

4 防治原则

4.1 加强饲养管理

4.1.1 按不同生长阶段对肉牛进行分群饲养、分群放牧，放牧草地实行轮牧。

4.1.2 按兽医卫生防疫标准建设牛舍及其配套设施，粪污应进行无害化处理，消灭中间宿主。

4.1.3 肉牛养殖饮用水按照NY 5027规定执行。

4.2 预防性驱虫

4.2.1 预防性驱虫的用药时间和用药品种应根据当地寄生虫病的流行病学规律确定。

4.2.2 在每年春、秋分别进行一次全群性的预防性驱虫，或者根据肉牛养殖阶段，在空怀期牛群、断奶后牛群、育肥前牛群进行预防性驱虫。

4.3 治疗性驱虫

当牛群中的一部分牛出现寄生虫病症状后，除对确诊已感染寄生虫病的牛对症治疗外，应根据当地寄生虫的流行病学情况同时进行全群预防性驱虫。

4.4 引进或调出牛只的处理

可选用0.1%～0.2%杀虫脒水溶液，或根据情况选用溴氢菊酯、杀灭菌酯、双甲脒或中药杀虫药。

5 防治对象

体外寄生虫病及体内寄生虫病。常见寄生虫病的种类、症状、防治措施见附录A。

附录A
（规范性附录）
常见寄生虫病防治技术

A.1　牛螨病

螨病是由疥螨和痒螨寄生在牛体表或表皮内而引起的慢性寄生虫病。

A.1.1　症状

发病初一般在头、颈毛少的部位发生不规则丘疹样变，巨痒，导致病牛不停摩擦患部，使患部脱毛、皮肤发炎形成痂垢。

A.1.2　防治措施

A.1.2.1　搞好牛舍卫生，牛舍保持通风、干燥，定期消毒；检查牛群健康情况，发现病牛及时隔离治疗；外地购买的牛要先隔离饲养30d，观察无病后再并群饲养；螨病多发地区（养殖场）每年春末对牛进行药浴。

A.1.2.2　已发病的牛治疗用0.005%溴氰菊酯的药液喷洒或涂擦牛患部；严重的用伊维菌素，0.2mg/kg体重，皮下注射一次，然后在7d后再注射一次。

A.2　牛皮蝇蛆病

由牛皮蝇的幼虫寄生于牛的皮下组织内引起的寄生虫病。

A.2.1　症状

牛皮蝇向牛体表产卵，牛表现不安，影响采食；幼虫移行到牛背部皮肤和皮下组织时，引起牛瘙痒、疼痛和不安，并在其寄生的部位发生局部隆起和蜂窝组织炎，常形成瘘管流出脓液，直到幼虫成熟后形成瘢痕。

A.2.2　防治措施

A.2.2.1　搞好牛体卫生，在夏季及时检查牛体，发现牛皮蝇及时消灭；在多发地区每隔半个月向牛体喷洒0.005%溴氰菊酯防牛皮蝇产卵。

A.2.2.2　已经感染幼虫的牛用手在隆起部位挤出幼虫，涂以碘酒，或使用倍硫磷55mg/kg体重进行肌内注射。

A.3　牛肝片吸虫病

肝片吸虫病是由片形属的肝片吸虫寄生于牛的肝脏和胆管引起的寄生虫病。

A.3.1　症状

A.3.1.1　犊牛症状明显，多呈体温升高，食欲减退，出现黄疸和贫血，甚至很快死亡。

A.3.1.2　成年牛一般逐渐消瘦，周期性瘤胃臌胀和前胃弛缓，贫血，到后期出现颌下、胸下和腹下水肿，腹泻。

A.3.2 防治措施

A.3.2.1 避免到低洼潮湿的草地放牧和饮水；每年进行预防性驱虫2次以上；注意养殖场所环境卫生，牛粪便堆积发酵处理。

A.3.2.2 治疗主要用硫双二氯酚、溴酚磷、三氯苯咪唑等。

A.4 焦虫病

A.4.1 症状

A.4.1.1 急性：体温升高至41℃左右，稽留热，精神不振，食欲、反刍减退。随着病程的发展，心跳加快，呼吸促迫，食欲废绝，结膜苍白黄染，出现血红蛋白尿，孕畜可发生流产，病程可持续1周。严重病例，病牛极度虚弱，最后因全身生理机能衰竭而死亡。

A.4.1.2 慢性：急性感染耐过的牛可转为慢性，当转为慢性后，尿色变清，体温下降，病情逐渐好转，痊愈后终身带虫，可复发感染而死亡。

A.4.2 防治措施

A.4.2.1 加强饲养管理，定期消灭牛体上和养牛场所的蜱，牛舍内1m以下的墙壁，要用杀虫药涂抹，杀灭残留蜱；发病季节前用贝尼尔进行预防驱虫；从外地引进牛应选择抗蜱好的品种。患病牛要及早治疗，扑灭体表的蜱。

A.4.2.2 治疗用药：三氮脒（贝尼尔、血虫净），用量为4～5mg/kg体重，配成5%溶液分点肌肉深部注射，轻症1次即可，必要每日一次，连用2～3d；盐酸吖啶黄（黄色素、锥黄素），用量3～4mg/kg体重配成0.5%～1.0%溶液静脉注射。

A.5 消化道线虫病

A.5.1 症状

患牛个体消瘦，食欲减退，黏膜苍白，贫血，下颌间隙水肿，胃肠道发炎，拉稀。严重的病例如不及时进行治疗，则引起死亡。

A.5.2 防治措施

A.5.2.1 提高肉牛机体抵抗力：加强饲料、饮水清洁卫生，合理地补充精料、矿物质、多种维生素，增强抗病力。

A.5.2.2 定期驱虫：在春、秋两季各进行1次驱虫。常用药：伊维菌素，每千克体重0.2mg，1次肌内注射；丙硫苯咪唑，每千克体重7.5mg，1次口服；左旋咪唑，每千克体重7.5mg，1次口服或肌内注射。

A.5.2.3 粪便处理：及时清理驱虫后排出的粪便，进行发酵杀死病原体，消除感染源。

A.6 莫尼茨绦虫病

A.6.1 症状

A.6.1.1 病牛表现为消化不良，腹泻，有时便秘，粪便中混有绦虫的孕卵节片，慢性臌气，贫血，消瘦。

A.6.1.2 病后期病牛不能站，经常做咀嚼样动作，口周围有泡沫，精神极度萎靡，反应迟缓，衰竭而死。

A.6.2　防治措施

A.6.2.1　每年春季进行2次预防性驱虫，秋季再进行一次预防性驱虫，在第一次预防性驱虫15d后进行第二次预防性驱虫；预防性驱虫药物可用丙硫苯咪唑，给药剂量为10～20mg/kg体重，口服。

A.6.2.2　治疗性驱虫可选用氯硝柳胺，给药剂量为50mg/kg体重，口服。

A.7　球虫病

A.7.1　症状

A.7.1.1　病初主要表现精神不振、粪便稀薄混有血液，继而反刍停止、食欲废绝，粪中带血且具恶臭味，体温升至40～41℃。

A.7.1.2　随着疾病的不断发展，病情恶化，出现几乎全是血液的黑粪，体温下降，极度消瘦，贫血，最终可因衰竭导致死亡。

A.7.1.3　呈慢性经过的牛只，病程可长达数月，主要表现下痢和贫血，如不及时治疗，亦可发生死亡。

A.7.2　防治

A.7.2.1　犊牛与成年牛分群饲养，以免球虫卵囊污染犊牛的饲料；舍饲牛的粪便和垫草需集中消毒或生物热堆肥发酵；被粪便污染的母牛乳房在哺乳前要清洗干净。

A.7.2.2　治疗用药：氨丙啉20～50mg/kg体重口服，连用5～7d；呋喃唑酮7～10mg/kg体重口服，连用7d。

ICS 65.020.30
B 43

DB52

贵 州 省 地 方 标 准

DB52/T 1257.6—2017

贵州肉牛生产技术规范
第6部分：传染性疾病防治

Technical specification for Guizhou beef cattle production
Part 6：Prevention and cure of infectious diseases

2017-12-08 发布 2018-05-08 实施

贵州省质量技术监督局 发布

前　言

本标准按照GB/T 1.1—2009《标准化工作导则　第1部分：标准的结构和编写》给出的规则起草。

请注意本文件的某些内容可能涉及专利，本文件的发布机构不承担识别这些专利的责任。

本标准由贵州省畜牧兽医研究所提出。

本标准由贵州省农业委员会归口。

本标准起草单位：贵州省畜牧兽医研究所、贵州省标准化院。

本标准主要起草人：刘镜、何光中、孙元飞、周文章、徐龙鑫、李干洲、龙玲。

本标准为DB52/T 1257—2017的第6部分。

贵州肉牛生产技术规范
第6部分：传染性疾病防治

1 范围

本标准规定了肉牛传染性疾病的防治原则、预防措施、扑灭措施及常见传染性疾病的定义、流行特点、症状、防治措施。

本标准适用于贵州肉牛养殖中肉牛传染性疾病的防治。

2 规范性引用文件

下列文件对于本文件的应用是必不可少的。凡是注日期的引用文件，仅所注日期的版本适用于本文件。凡是不注日期的引用文件，其最新版本（包括所有的修改单）适用于本文件。

GB 18645 动物结核病诊断技术

GB 18646 动物布鲁氏菌病诊断技术

GB 18935 口蹄疫诊断技术

NY 561 动物炭疽诊断技术

农医发〔2010〕20号《反刍动物产地检疫规程》

农医发〔2010〕33号《跨省调运乳用种用动物产地检疫规程》

3 防治

3.1 依据《中华人民共和国动物防疫法》《国家突发重大动物疫情应急预案》《重大动物疫情应急条列》等主要兽医法规，按照“早、快、严、小”原则，开展防治。

3.2 健全防疫体系，保障防疫措施落实。

3.3 实行“预防为主”的原则，对重大传染病实施预防、控制、扑灭措施。

3.4 常见传染性疾病的定义、流行特点、症状、防治措施见附录A。

4 预防

4.1 免疫

根据当地肉牛传染病流行特点，制订免疫计划，实施免疫。

4.2 监测

对实施免疫牛群进行免疫抗体检测。

4.3 检疫

4.3.1 养殖场检疫

根据《反刍动物产地检疫规程》规定进行检疫。

4.3.2 引种检疫

根据《跨省调运乳用种用动物产地检疫规程》规定进行检疫。

4.4 饲养管理

加强肉牛饲养管理，增强机体的疫力，提高牛群健康水平。

5 扑灭

5.1 查明并消灭传染源

5.1.1 早期诊断

根据临床症状和流行病学特点初步诊断为疑似传染病时，应迅速进行隔离、消毒并采样报送相关检测机构，进行诊断。

5.1.2 疫情报告

发现肉牛发生传染病，应立即上报主管部门，疑似为口蹄疫、炭疽、牛瘟、牛流行热等重大传染病应迅速上报，通知邻近有关单位，采取预防措施。

5.1.3 隔离患病牛

5.1.3.1 患病牛：经确诊的患病牛，应选择消毒处理方便、不易传染的地方隔离，严格消毒，专人看管并及时治疗，隔离区的用具、饲料、粪便等需经彻底消毒后运出。重大疫病应根据国家有关规定进行无害化处理。

5.1.3.2 疑似患病牛：无临床症状，与病牛及其污染的环境有过接触，应立即隔离观察，隔离观察的时间由该传染病的潜伏期决定，潜伏期结束而不发病者解除隔离。出现症状者应按病牛处理。

5.1.4 封锁隔离

5.1.4.1 疫病发生时实施封锁隔离，禁止易感动物进出封锁区，对必须通过封锁区的车辆和人员进行消毒。

5.1.4.2 对患病动物进行隔离、治疗、急宰或扑杀，对污染的饲料、用具、畜舍、垫草、饲养场地、粪便、环境等进行严格消毒。

5.1.4.3 动物尸体应进行深埋等无害化处理；未发病动物及时进行紧急预防；对疫区周围威胁区的易感动物进行紧急预防。

5.1.4.4 应在封锁区内最后一头病牛痊愈、急宰或扑杀后，根据传染性疾病的潜伏期，再无新疫情发生，经过全面消毒后，报请原封锁机关解除封锁。

5.1.5 消毒

作为预防传染病的重要措施，实施定期消毒、为及时消灭病牛排出的病原体所进行的不定期消毒；为解除封锁，消灭疫点内残留病原体所进行的全面而彻底的消毒的终末消毒。

5.2 切断病原传播途径

5.2.1 依据病情的种类和性质，采取不同措施。

5.2.2 经呼吸道传染的，应增加圈舍空气消毒。

5.2.3 经皮肤、黏膜、伤口传染的，要防止该部位发生损伤并及时处理伤口。

5.2.4 经消化道传染者，应防止饲料、饮水的污染，进行粪便发酵处理。

5.2.5 经吸血昆虫、鼠类传播，要开展杀虫灭鼠工作。

附录A
（规范性附录）
常见传染性疾病防治技术

A.1　口蹄疫

A.1.1　定义

俗称“口疮”“蹄癀”，由口蹄疫病毒引起偶蹄兽的一种急性、热性、高度接触性传染病。

A.1.2　流行特点

A.1.2.1　口蹄疫的暴发具有周期性特点，每隔数年就流行1次。偶蹄动物均可自然感染口蹄疫，牛为最敏感动物之一。新疫区本病的发病率可达100%，老疫区较低。幼畜比成畜易感，死亡率较高。

A.1.2.2　本病的传染源主要为患病动物和带毒动物，由水泡液、排泄物、分泌物等向外界散播病毒，污染饲草、饲料、牧地、水源、饲养用具、运输工具等，人员、非易感动物（狗、鸟类等），未经消毒处理的病畜产品、空气都是重要传播媒介。消化道、呼吸道、皮肤和黏膜是本病的传播途径。

A.1.3　症状

潜伏期，平均2～4d。患牛体温升高到40～41℃，精神沉郁，闭口流涎，开口时有吸吮声，1～2d，口腔出现水泡，此时嘴角流涎增多，呈白色泡沫状，常挂满嘴边，采食、反刍完全停止。

A.1.4　诊断方法

按照GB/T 18935方法进行诊断。

A.1.5　防治措施

A.1.5.1　加强检疫：严禁从有病地区购进饲料、生物制品、动物及其产品等。

A.1.5.2　封锁疫区、隔离消毒：当疑似口蹄疫发生时，应于当日向有关部门提出疫情报告，同时划定疫区，进行封锁。扑杀疫区内所有病畜及同群易感畜，对病死畜进行无害化处理。疫区内严格进行隔离、消毒、治疗等防治措施。受威胁区，做好联防，建立免疫带，防止疫情扩散。

A.1.5.3　消毒：疫区内动物、畜产品及饲料严禁运往非疫区，疫区的人员外出必须全面消毒。疫区内最后一头病畜扑杀后，经全面消毒后，3个月内不出现新病例，方可解除封锁。

A.1.5.4　预防接种：受威胁区的偶蹄兽，应使用适合的灭活苗进行紧急防疫接种。

A.2 牛布鲁氏菌病

A.2.1 定义

由布鲁氏菌引起的人畜共患传染病，多呈慢性病，对牛的危害极大。临床表现为流产、睾丸炎、腱鞘炎、关节炎，病理特征为全身弥漫性网状内皮细胞增生和肉芽肿结节的形成。

A.2.2 流行特点

A.2.2.1 羊、牛、猪的易感性最强。母畜比公畜，成年畜比幼年畜发病多。在母畜中，第一次妊娠母畜发病较多。带菌动物，尤其是病畜的流产胎儿、胎衣是主要传染源。消化道、呼吸道、生殖道是主要的感染途径，也可通过损伤的皮肤、黏膜等感染。常呈地方性流行。

A.2.2.2 人主要通过皮肤、黏膜、消化道和呼吸道感染，尤其以感染羊种布鲁氏菌、牛种布鲁氏菌最为严重。猪种布鲁氏菌感染人较少见，犬种布鲁氏菌感染人罕见，绵羊附睾种布鲁氏菌、沙林鼠种布鲁氏菌基本不感染人。

A.2.3 症状

A.2.3.1 潜伏期14～180d。主要症状是母牛怀孕5～8个月流产，产死胎。

A.2.3.2 流产时生殖道有发炎症状，阴道黏膜有粟粒大小的红色结节，流出灰白色黏性分泌物。

A.2.3.3 胎衣易滞留，流产后恶露排出持续2～3周，呈污灰色或棕红色，伴发子宫内膜炎、乳房炎等。

A.2.3.4 患病公牛有阴茎红肿、睾丸和附睾肿大、关节炎、滑膜囊炎等症状。

A.2.4 诊断方法

按照GB 18646方法进行诊断。

A.2.5 防治措施

A.2.5.1 定期接种：每年定期接种布鲁氏菌疫苗。

A.2.5.2 加强检疫：对疫点内的肉牛每月检疫1次，淘汰处理阳性牛，逐步净化成健康牛群。

A.2.5.3 加强管理：隔离饲养检疫为阳性的病牛由专人管理，定期消毒，严禁病牛流动，避免与其他家畜接触。饲养人员做好个人防护，进入牛舍穿防护服，戴口罩，出牛舍更换防护衣物，并进行消毒。

A.2.5.4 淘汰病牛：消灭传染源，切断传播途径，在防检人员的监督指导下，对检疫为阳性的病牛全部进行淘汰处理。

A.2.5.5 严格消毒：为防止疫情扩散蔓延，对病牛污染的圈舍、环境用1%消毒灵和10%石灰乳彻底消毒；病畜的排泄物、流产的胎水、粪便、垫料等消毒后堆积发酵处理。

A.3　牛结核病

A.3.1　定义

由分枝杆菌属牛分枝杆菌引起的一种人兽共患的慢性传染病，常表现为组织器官的结核结节性肉芽肿和干酪样、钙化的坏死病灶的特征。我国将其列为二类动物疫病。

A.3.2　流行特点

本病奶牛最易感，其次为水牛、黄牛、牦牛。人也可被感染。结核病病牛是本病的主要传染源。牛型结核分枝杆菌随鼻汁、痰液、粪便和乳汁等排出体外，健康牛可通过被污染的空气、饲料、饮水等经呼吸道、消化道等途径感染。

A.3.3　症状

A.3.3.1　潜伏期一般为10～15d，常表现为消瘦、咳嗽、呼吸困难，体温一般正常。

A.3.3.2　肺结核：病牛表现为消瘦，病初有短促干咳，渐变为湿性咳嗽。听诊肺区有啰音，叩诊有实音区并有痛感。

A.3.3.3　乳房结核：乳量渐少或停乳、乳汁稀薄、混有脓块、乳房淋巴结硬肿。

A.3.3.4　淋巴结核：淋巴结肿大，无热痛，常见于下颌、咽颈、腹股沟淋巴结。

A.3.3.5　肠结核：常表现为便秘与下痢交替出现，或顽固性下痢，多见于犊牛。

A.3.3.6　神经结核：在脑、脑膜等处形成粟粒状或干酪样结核，常引起神经症状，如癫痫样发作、运动障碍等。

A.3.4　诊断

按照GB 18645方法进行诊断。

A.3.5　防治

A.3.5.1　定期对牛群进行检疫，阳性牛必须扑杀，并进行无害化处理。

A.3.5.2　有临床症状的病牛应按《中华人民共和国动物防疫法》及有关规定进行扑杀，防止扩散。

A.3.5.3　每年定期大消毒2～4次，牧场及牛舍出入口处，设置消毒池，饲养用具每月定期消毒1次，粪便需经发酵后利用。

A.4　炭疽

A.4.1　定义

由炭疽杆菌引起的一种急性、热性、败血性人畜共患传染病。主要特征是突然发生、高热、天然孔出血、血液凝固不良、皮下和浆膜下结缔组织出血性胶样浸润、脾脏急性肿大、尸僵不全等。

A.4.2　流行特点

主要感染途径是消化道、呼吸道、皮肤黏膜的伤口感染。

A.4.3　症状

A.4.3.1　急性病牛突然发病、体温升高、黏膜发紫、肌肉震颤、步行不稳、呼吸困难、口吐白沫后数小时内死亡。大多数病牛，病初体温升高到41～42℃，脉搏、呼吸增速，食欲减退，最后废绝，瘤胃中度臌气。

A.4.3.2　严重病牛开始兴奋、后高度沉郁，此时呼吸困难，可视黏膜发绀，伴有出血斑点，严重时可见鼻腔、肛门、阴道出血及血尿。1～2d内体温下降，痉挛而死。腹部异常膨胀，肛门凸出，尸僵不全，天然孔流出暗紫色似煤焦油样血液，血液不易凝固。

A.4.4　诊断

按照NY 561方法进行诊断。

A.4.5　预防

A.4.5.1　对经常发生及受炭疽威胁地区的牛，每年预防接种。

A.4.5.2　对病牛做无血捕杀处理，对病牛尸体严禁进行开放式解剖检查，采样必须按规定进行，防止病原污染环境，形成永久性疫源地。

A.4.5.3　病牛尸体应在专业兽医人员的指导下处理，对发病地区进行封锁和消毒。

A.5　牛流行热

A.5.1　定义

又名牛暂时热、三日热，由牛流行热病毒引起的一种急性、热性、全身性传染病。特征是突然出现高热、流泪、流涎、流鼻涕、呼吸困难、四肢关节疼痛引起的跛行等症状。

A.5.2　流行特点

常于8—9月流行，且表现出明显的周期性，3～5年有一次较大的流行，常间隔一次小流行。

A.5.3　症状

A.5.3.1　潜伏期2～9d，突然发病，很快波及全群。

A.5.3.2　体温升高到40～41.5℃，持续1～3d，病牛精神委顿、寒颤、鼻镜干热、结膜红肿、畏光流泪、食欲废绝、反刍停止。

A.5.3.3　四肢关节轻度肿胀、热痛、行走僵硬、跛行，重症病牛卧地不起。

A.5.3.4　流浆液性鼻涕，呼吸急促，严重时呼吸困难，大量流涎，呈泡沫样。

A.5.3.5　先便秘后腹泻，粪中带有黏液、血液，尿量减少。

A.5.3.6　孕牛可能发生流产、死胎。本病发病率高，死亡率低，大多一周内可康复。

A.5.4　治疗

A.5.4.1　轻症病牛：肌内注射复方氨基比林30～50mL或30%安乃近20～30mL；静脉注射葡萄糖盐水1 000～2 000mL、0.5%氢化可的松30～80mL、复方水杨酸钠100～200mL。

A.5.4.2　跛行严重或卧地不起的病牛：静脉注射用10%水杨酸钠100～200mL，3%普鲁卡因20～30mL加入5%葡萄糖液250mL，5%碳酸氢钠注射液200～500mL。肌内注射氢化可的松、30%安乃近、镇破痛各20mL。还可用0.2%硝酸士的宁10mL、维生素B_{12}（80～120mL）进行穴位注射。

A.5.4.3　重症病牛：采取综合治疗，用冷水洗身、灌肠降低体温；肌内注射安钠咖或樟脑油10～20mL强心；静脉放血1 000～2 000mL减轻肺水肿；静脉注射糖盐水加维生素C解毒和改善循环；呼吸严重困难时给予吸氧，皮下注射、静脉滴注双氧水（3%双氧水50～100mL加入500mL生理盐水中）、肌内注射25%氨茶碱5mL或麻黄素10mL；瘤胃臌胀时，可内服芳香氨酯20～50mL。

A.5.5　预防

A.5.5.1　加强饲养管理；注意消灭吸血昆虫，以减少疫病的传播。

A.5.5.2　预防接种牛流行热弱毒疫苗，以控制本病的流行。

A.6　牛魏氏梭菌

A.6.1　定义

主要由A型魏氏梭菌及其毒素所引起的一种疾病，表现为病牛突然死亡、消化道和实质器官出血的特征。

A.6.2　流行特点

以病牛突然死亡，消化道和实质器官出血为特征。死亡率70%～100%。一年四季均可发病，但以夏、秋两季高发。

A.6.3　症状

本病以猝死为特征，多数不见症状突然死亡。主要表现为精神不振、腹痛、呼吸困难、全身肌肉震颤、大量流涎、倒地哞叫、四肢划动、很快死亡。

A.6.4　防治

由于猝死，该病往往得不到救治。只有早期发现，及早使用A型魏氏梭菌抗毒素血清才有治愈可能。对本病的防治应以预防为主。

ICS 65.020.30
B 43

DB52

贵 州 省 地 方 标 准

DB52/T 1257.7—2017

贵州肉牛生产技术规范
第7部分：养殖场建设

Technical specification for Guizhou beef cattle production
Part 7：Farms construction

2017-12-08 发布 2018-05-08 实施

贵州省质量技术监督局 发 布

前　言

本标准按照GB/T 1.1—2009《标准化工作导则　第1部分：标准的结构和编写》给出的规则起草。

请注意本文件的某些内容可能涉及专利，本文件的发布机构不承担识别这些专利的责任。

本标准由贵州省畜牧兽医研究所提出。

本标准由贵州省农业委员会归口。

本标准起草单位：贵州省畜牧兽医研究所、贵州省标准化院。

本标准主要起草人：何光中、刘镜、徐龙鑫、孙元飞、张晓可、周文章。

本标准为DB52/T 1257—2017的第7部分。

贵州肉牛生产技术规范
第7部分：养殖场建设

1 范围

本标准规定了贵州肉牛养殖场建设的基本要求、选址与布局、生产设施与设备、管理与防疫、废弃物处理。

本标准适用于贵州肉牛养殖场的建设。

2 规范性引用文件

下列文件对于本文件的应用是必不可少的。凡是注日期的引用文件，仅所注日期的版本适用于本文件。凡是不注日期的引用文件，其最新版本（包括所有的修改单）适用于本文件。

NY 5027 无公害食品 畜禽饮用水水质

NY 5030 无公害食品 兽药使用准则

NY 5032 无公害食品 畜禽饲料和饲料添加剂使用准则

农医发〔2013〕34号《病死动物无害化处理技术规范》

3 术语和定义

下列术语和定义适用于本文件。

3.1

育肥场

以生产育肥牛为目的的规模化肉牛养殖场。

3.2

隔离区

对引进牛、养殖场内病牛、疑似病牛进行隔离、观察、治疗的区域。

4 基本要求

4.1 具有动物防疫条件合格证。

4.2 在县级畜牧兽医行政主管部门备案，取得畜禽标识代码。

4.3 场址符合土地利用规划，中华人民共和国畜牧法及其他法律法规禁止区域严禁建场。

5　选址与布局

5.1　选址

5.1.1　交通便利，卫生无污染，距离生活饮用水源地、居民区、主要交通干线、畜禽屠宰加工厂、畜禽交易场500m以上，距离其他畜禽养殖场1 000m以上，远离禁止养殖区。

5.1.2　场址地势开阔、干燥向阳，通风、排水良好，坡度宜小于25°。

5.1.3　水源稳定，取用方便，符合NY 5027的有关规定。

5.1.4　电力、通信基础设施良好。

5.2　场区布局

5.2.1　肉牛育肥场按功能分为人员消毒更衣室、生活办公区、生产区（育肥区、隔离区）、饲料加工区、粪污处理区、防疫隔离带。

5.2.2　牛场大门入口处设车辆及人员消毒设施，场内净道和污道严格分开。

5.2.3　生活办公区设在场区常年主导风向的上风向及地势较高的区域，隔离区设在场区下风向或侧风向及地势较低区域。

5.2.4　粪污处理区与无害化处理区按夏季主导风向设于生产区的下风向或侧风向处。

5.2.5　牛场四周建有围墙或防疫沟，并配有绿化隔离带设施。

6　生产设施与设备

6.1　牛舍

6.1.1　牛舍应具备防寒、防暑、通风和采光等基本条件。

6.1.2　牛舍跨度为单列式不少于5.0m，双列式不少于10m，分栏散养双列式不少于20m。牛舍檐口高度为单列式布局不低于3.2m，双列式布局不低于3.8m，且随着牛舍跨度的增加而增加。同一水平面两栋牛舍间距不低于6m。

6.1.3　每头存栏牛所需牛舍建筑面积为6～8m^2，其他附属建筑面积2～3m^2。

6.1.4　采用拴系饲养的牛床长度为1.8m，床面材料以混凝土为宜，并向粪沟有2%～3%的坡度。

6.2　牛舍设备

6.2.1　饲养栏杆高度为1.3～1.5m。

6.2.2　饲喂、饮水及清粪设施设备。

6.2.3　环境控制的风机、换气扇设备。

6.3　场区设施与设备

6.3.1　饲料储存设施：青贮窖、干草棚、精料库等。

6.3.2　饲料加工设备：粉碎机、搅拌机、铡草机、秸秆打包青贮机等。

6.3.3　人工输精、兽医诊断等仪器设备。

6.3.4　与养殖规模相适应的粪污储存及处理设施。

6.3.5 保定架、称重装置和装卸台等设施。

6.3.6 供水、供电设施设备齐全。

7 管理与防疫

7.1 饲养管理

7.1.1 饲料原料应符合NY 5030的规定。

7.1.2 饲料添加剂的使用应符合NY 5032的要求。

7.1.3 饲料采购、供应、日粮组成、配方的记录。

7.2 防疫

7.2.1 疫病防控

7.2.1.1 新购入的牛应检疫合格，并进行隔离、观察、处置。

7.2.1.2 根据NY 5030的要求，制定疫病监测方案。

7.2.1.3 按规定进行预防接种。有口蹄疫等国家规定的免疫接种计划和实施记录。

7.2.2 常见病防治

7.2.2.1 有预防、治疗常见疾病的规程，建立疫病防治制度。

7.2.2.2 建立消毒制度。

7.2.3 兽药使用

7.2.3.1 符合NY 5030的规定。

7.2.3.2 有完整兽药使用记录，包括药品来源、药品名称、使用对象、使用时间和用量、休药期、停药期。

7.3 从业人员管理

有1名以上畜牧兽医专业技术人员，提供技术服务。

7.4 档案管理

按要求建立养殖档案，对日常生产、活动等进行记录。

8 废弃物处理

8.1 有固定的粪便储存、堆放场所和设施，储存场所有防雨及防止粪液渗漏、溢流措施。粪污处理采用生产有机肥、堆肥和沼气处理等方式，达到无害化处理，资源化利用，符合环保要求。

8.2 病死牛只处理及设施建设应符合《病死动物无害化处理技术规范》的规定。

8.3 场区整洁，垃圾合理收集、及时清理。

ICS 65.020.30
B 43

DB52

贵　州　省　地　方　标　准

DB52/T 1257.8—2017

贵州肉牛生产技术规范
第8部分：青贮饲料生产

Technical specification for Guizhou beef cattle production
Part 8：Silage production

2017-12-08 发布　　2018-05-08 实施

贵州省质量技术监督局　发布

前　言

本标准按照GB/T 1.1—2009《标准化工作导则　第1部分：标准的结构和编写》给出的规则起草。

请注意本文件的某些内容可能涉及专利，本文件的发布机构不承担识别这些专利的责任。

本标准由贵州省畜牧兽医研究所提出。

本标准由贵州省农业委员会归口。

本标准起草单位：贵州省畜牧兽医研究所、贵州省标准化院。

本标准主要起草人：何光中、刘镜、徐龙鑫、孙元飞、李干洲、谭尚琴。

本标准为DB52/T 1257—2017的第8部分。

贵州肉牛生产技术规范
第8部分：青贮饲料生产

1　范围

本标准规定了青贮饲料生产中青贮设施、青贮原料、制作步骤、取料、品质检验、饲喂方法及注意事项。

本标准适用于贵州规模养殖场青贮饲料的制作。

2　规范性引用文件

下列文件对于本文件的应用是必不可少的。凡是注日期的引用文件，仅所注日期的版本适用于本文件。凡是不注日期的引用文件，其最新版本（包括所有的修改单）适用于本文件。

GB 13078　饲料卫生标准

3　术语和定义

下列术语和定义适用于本文件。

3.1

青绿饲料

天然水分含量在60%以上的青绿牧草、饲用作物、树叶及非淀粉质的根茎、瓜果类等。

3.2

青贮饲料

以天然新鲜青绿植物性饲料为原料，在厌氧条件下，经过以乳酸菌为主的微生物发酵后制成的饲料，具有青绿多汁的特点，如玉米青贮。

3.3

全株玉米

刈割达到乳熟期的全株玉米用来做青贮饲料。

3.4

青贮饲料添加剂

为提高青贮饲料的营养成分和青贮的成功率，青贮原料中加入适量的乳酸菌、有机酸（甲酸、丙酸混合液）、葡萄糖、尿素、纤维素酶等添加剂。

4 青贮设施

4.1 青贮窖

4.1.1 按照形状分为长方形和圆形。窖的大小数量可根据青贮的数量而定。

4.1.2 青贮窖建设地点选择地势高、排水良好、周围无污染的地方，设计规范合理、坚固耐用、密封不透气、不漏水的功能，且取用方便、易于管理、经济适用。

4.2 青贮袋

选择结实、无毒、不透气的塑料袋，装填青贮饲料，封口并扎紧。

5 青贮原料

5.1 常用的青贮原料

包括禾本科牧草、农作物秸秆等。

5.2 原料品质

要求干净，无泥沙、无根土及其他杂质。

5.3 青贮原料的收割期

常用青贮原料的适宜收割期见表1。

表1 常用青贮原料的适宜收割期

原料种类	收割时期
玉米秸秆	摘穗后立即收割
全株玉米	乳熟后期至蜡熟期
豆科牧草	初花期
禾本科牧草、禾谷类作物	孕穗至抽穗期

5.4 原料的适宜含水率及调节

5.4.1 原料含水率的判断

青贮原料适宜的含水率为60%～75%。用手紧握切碎的原料，然后自然松开。若原料立即散开，其含水率在60%以下；若原料慢慢散开，手无湿印，其含水率在60%～67%；若原料仍保持球状，手有湿印，其含水率在68%～75%；若原料仍保持球状，手指缝有汁液渗出并成滴，其含水率在75%以上。

5.4.2 混合青贮

豆科类牧草与禾本科类饲草混合青贮，豆科牧草比例不超过30%，含水率应控制在55%～65%。

5.4.3　苜蓿青贮

苜蓿单独青贮含水率应控制在45%～55%，应添加乳酸菌制剂、有机酸或葡萄糖，葡萄糖按原料重量的1.0%～1.5%添加。

5.5　添加剂种类及用量

5.5.1　乳酸菌制剂

选择青贮专用乳酸菌制剂、饲料酶，用法用量按说明。

5.5.2　尿素

多用于玉米秸秆青贮，按原料重量的0.4%～0.5%添加。

5.5.3　有机酸

按原料重量的0.2%～0.4%添加。

6　制作步骤

6.1　准备工作

6.1.1　青贮窖准备

对青贮窖进行检查修复、清理干净、密封。

6.1.2　青贮设备

青贮玉米收割机、牧草收割机、青贮铡草机、运草车辆、压实工具或机械。

6.2　原料的装填要点

6.2.1　青贮原料应当天收运、切碎、装填，尽量避免淋雨。

6.2.2　人工踩压，每装20～30cm厚反复踩实，应注意边和角的踩实；机械压实，每装40～60cm厚反复压实，压不到的地方应人工踩实。

6.2.3　原料装填要高出窖面，高出窖面的部分呈拱形，中间高四边低。

6.3　密封

原料装填完后，立即用塑料膜覆盖，再覆压40～60cm湿土，压土时，由中间向四边压实封严，再用沙袋、旧轮胎等重物压实，窖口周围覆压50cm以上厚的湿土。

6.4　青贮后的管理

经常检查青贮窖的密封性，顶部是否有裂缝、塌陷等，及时修补、排出顶部积水、防止透气渗水。

7　取料

7.1　开启时间

青贮饲料封窖后，经40d后可开启使用。

7.2　取料方法

从青贮窖的一端打开，清除窖口覆盖物，清除表层霉坏的部分，每次取料后需覆盖窖面或取料的剖面。

7.3　取量

取量以当日喂完为准，随取随用。

8　品质检验

8.1　青贮饲料的感官评定及pH值

青贮饲料的感官评定及pH值应符合表2。

表2　青贮饲料感官评定标准

项目	优等	中等	劣等
颜色	青绿或黄绿色	黄褐或暗褐色	褐色、黑色或墨绿色
气味	芳香酒酸味、面包香味	较强的酸味、芳香味弱	霉烂味或腐败味
质地	湿润，松散柔软，茎叶结构保持良好	柔软，茎叶结构保持较差	干燥松散或结成块，发黏，腐烂，茎叶结构保持极差
pH值	<4.0	4.0～5.0	>5.0

8.2　卫生标准

应符合GB 10378和其他有关卫生标准规定。

9　饲喂方法

9.1　饲喂量

青贮饲料的用量应根据家畜的种类、年龄、生产水平、青贮饲料品质等而定。品质检验为中等的青贮饲料应减少喂量。成年牛、羊日参考喂量见表3。

表3　成年牛、羊青贮饲料日饲喂量

项目	肉牛	奶牛	肉羊
苜蓿青贮饲料（kg）	4～8	10～15	1～1.5
一般青贮饲料（kg）	5～10	15～25	1～2

9.2　注意事项

9.2.1　用青贮饲料饲喂时应与其他饲草搭配混合饲喂。

9.2.2　饲喂时应循序渐进，逐渐增加饲喂量；停喂时也应逐步减量。

9.2.3　冰冻的青贮料应解冻后再饲喂。不应饲喂劣等青贮饲料。

ICS 65.020.30
B 43

DB52

贵　州　省　地　方　标　准

DB52/T 1257.9—2017

贵州肉牛生产技术规范
第9部分：秸秆微贮饲料生产

Technical specification for Guizhou beef cattle production
Part 3：Straw micro feed production

2017-12-08 发布　　2018-05-08 实施

贵州省质量技术监督局　发布

前　言

本标准按照GB/T 1.1—2009《标准化工作导则　第1部分：标准的结构和编写》给出的规则起草。

请注意本文件的某些内容可能涉及专利，本文件的发布机构不承担识别这些专利的责任。

本标准由贵州省畜牧兽医研究所提出。

本标准由贵州省农业委员会归口。

本标准起草单位：贵州省畜牧兽医研究所、贵州省标准化院。

本标准主要起草人：刘镜、何光中、孙元飞、徐龙鑫、龙玲、张正群、张麟、谭尚琴。

本标准为DB52/T 1257—2017的第9部分。

贵州肉牛生产技术规范
第9部分：秸秆微贮饲料生产

1 范围

本标准规定了秸秆微贮饲料生产中的微贮原料、微贮饲料添加剂的选择与使用、微贮方法、制作步骤、取用方法、品质鉴定及饲喂方法。

本标准适用于贵州农作物秸秆微贮饲料生产。

2 规范性引用文件

下列文件对于本文件的应用是必不可少的。凡是注日期的引用文件，仅所注日期的版本适用于本文件。凡是不注日期的引用文件，其最新版本（包括所有的修改单）适用于本文件。

GB 13078 饲料卫生标准

3 术语和定义

下列术语和定义适用于本文件。

3.1

微贮

把秸秆等粗饲料按比例添加一种或多种有益微生物菌剂，在适宜的条件下，通过有益微生物的发酵作用，制成柔软多汁、气味酸香、适口性好、利用率高的微贮饲料。

3.2

微贮饲料添加剂

由一种或多种有益菌组成，能抑制杂菌生长、有效地保存微贮原料内的营养物质，专门用于调制粗饲料的一类活性微生物添加剂。

4 微贮原料

主要是黄干作物秸秆，如玉米秸秆、干稻草等。

5 微贮饲料添加剂的选择与使用

5.1 菌种选择

根据需要微贮原料的种类、数量，选择合适的微贮饲料发酵剂。按照产品说明，确定微贮饲料发酵剂的添加量、添加方法。

5.2 微贮试验

使用新微贮饲料添加剂前，应进行微贮试验。试验方法是取5～10kg微贮原料，粉碎后按比例加入水和菌剂，装入塑料袋或其他容器中，压实后密封，在适宜的温度下发酵7～20d，开启观察微贮效果。

6 微贮方法

6.1 水泥窖微贮法

将微贮原料切短揉碎后，加水调制到适宜的含水量，按比例喷洒微贮剂，装入水泥窖内，分层压实，加盖塑料薄膜后覆土密封。

6.2 塑料袋微贮法

切短揉碎的微贮原料调制到适宜的含水量，按比例喷洒微贮剂混合均匀后，采用机械压缩成捆后，装入塑料袋中密封贮存或直接装入塑料袋中压实密封贮存。

6.3 拉伸膜裹包微贮法

切短揉碎的微贮原料调制到适宜的含水量，按比例喷洒微贮剂混合均匀后，采用打捆机进行高密度压实打捆，通过裹包机用拉伸膜裹包密封保存。

7 制作步骤

7.1 菌种活化

7.1.1 根据产品说明书，确定所用微贮饲料添加剂是否需要活化。

7.1.2 活化方法：按每次微贮时的饲料量，计算出所需的有效活菌数，确定需要微贮添加剂的用量；将称量好的微贮添加剂放入水桶等容器中，倒入10～20倍的水中充分搅拌，在常温下放置1～2h，活化菌种形成菌液。

7.1.3 在活化菌种的水中加适量白糖，可以提高菌种的活化率。

7.1.4 用于活化的容器，必须刷洗干净。活化好的菌液应在当天用完。

7.2 稀释

活化后的菌剂，根据产品说明书稀释好待用。不需要活化的菌剂可以用5～10倍的麦麸、玉米粉等含糖量较高的物质作为辅料稀释。

7.3 微贮原料的揉切

微贮原料入窖前应揉细切短，揉切长度一般以3～5cm为宜。比较粗硬的玉米、高粱秸秆应经过碾压揉碎，形成细丝。

7.4 水分调节

微贮原料含水量应调制到60%～70%，质地粗硬的原料水分应稍高，质地细软的原料，水分应稍低。微贮麦秸、稻草和玉米秸秆的加水量见表1。

表1 微贮麦秸、稻草和玉米秸的加水量

原料名称	含水率（%）	微贮原料量（kg）	需要水量（kg）
麦秸、稻草	8～10	1 000	500～600
黄干玉米秸秆	20～30	1 000	400～500
玉米秸秆（收获粮食后）	40～50	1 000	200～300

注：在喷洒菌液前，要检查原料的含水量是否合适。现场判断水分的方法是：抓取切短的原料，用双手挤压后慢慢松开，指缝见水不滴、手掌沾满水为含水量适宜；指缝不见水滴，手掌有干的部位则含水量偏低；指缝成串滴水则含水量偏高。

7.5 含糖量调节

一般微贮原料可溶性糖含量应不低于1.5%。在微贮稻草、麦秸等糖分含量低的原料时，可加入1%的麦麸或玉米粉作为辅料进行调节。

7.6 菌剂的混合

将溶解好的菌剂在原料揉切粉碎过程中均匀喷洒，或在物料装填过程中每装填20～30cm厚，均匀喷洒一次；不需要活化的菌剂和辅料，也按此法均匀抛洒，直到压实后原料高于窖口50cm以上进行封口。

7.7 装填与密封

将调制好的物料装入水泥窖、塑料袋中，严格密封，或者裹包密封。

8 取用方法

8.1 微贮发酵的时间一般不少于3周，冬季适当延长。

8.2 开窖取料应随取随喂，取后及时盖好塑料薄膜，防止料面暴露导致二次发酵。

9 品质鉴定

9.1 微贮饲料感官评定

微贮饲料饲喂前要进行品质鉴定，微贮饲料的感官评定及pH值见表2。

表2 微贮饲料感官评定标准

项目	优等	中等	劣等
色泽	接近微贮原料本色，呈金黄色	黄绿色、黄褐色	黑绿色或褐色
气味	醇香或果香味，并具有弱酸味，气味柔和	酸味较强，略刺鼻、稍有酒味和香味	酸味刺鼻，或带有腐臭味、发霉味
质地	松散、柔软湿润，无黏滑感	虽然松散，但质地粗硬、干燥	结块、发黏
pH值	<4.2	4.3～5.5	>5.5

9.2 卫生标准

应符合GB 10378和其他有关卫生标准规定。

10 饲喂方法

10.1 饲喂微贮饲料应由少到多，逐渐加量，习惯后再定量饲喂。

10.2 微贮饲料应与其他草料搭配，可作为家畜的主要粗饲料。

10.3 微贮饲料每天饲喂量一般为：成年母牛、育成牛、育肥牛15～20kg，羊1～3kg。

10.4 保持微贮料和饲槽的清洁卫生，每次采食剩下的微贮料要清理干净，防止污染，影响家畜的食欲或导致疾病。

ICS 65.020.30
B 43

DB52

贵 州 省 地 方 标 准

DB52/T 1257.10—2017

贵州肉牛生产技术规范
第10部分：繁殖技术

Technical specification for Guizhou beef cattle production
Part 10：Reproductive technology

2017-12-08 发布　　2018-05-08 实施

贵州省质量技术监督局　发布

前言

本标准按照GB/T 1.1—2009《标准化工作导则　第1部分：标准的结构和编写》给出的规则起草。

请注意本文件的某些内容可能涉及专利，本文件的发布机构不承担识别这些专利的责任。

本标准由贵州省畜牧兽医研究所提出。

本标准由贵州省农业委员会归口。

本标准起草单位：贵州省畜牧兽医研究所、贵州省标准化院。

本标准主要起草人：何光中、刘镜、周文章、孙元飞、徐龙鑫、张晓可。

本标准为DB52/T 1257—2017的第10部分。

贵州肉牛生产技术规范
第10部分：繁殖技术

1 范围

本标准规定了贵州肉牛繁殖技术中的人工授精技术要点、母牛妊娠诊断、接生、良种登记。

本标准适用于贵州肉牛的繁殖技术推广应用。

2 规范性引用文件

下列文件对于本文件的应用是必不可少的。凡是注日期的引用文件，仅所注日期的版本适用于本文件。凡是不注日期的引用文件，其最新版本（包括所有的修改单）适用于本文件。

GB 4143 牛冷冻精液

3 人工输精技术要点

3.1 细管冻精的保存、运输、解冻

应符合GB 4143的规定。

3.2 母牛的发情配种

3.2.1 初配年龄

初配年龄≥18月龄，体重≥成年体重的70%。

3.2.2 发情鉴定

3.2.2.1 询问畜主：输精人员向畜主询问受配母牛年龄、胎次、发情等情况。

3.2.2.2 外观检查：母牛食欲减退、精神兴奋不安、哞叫、接受爬跨或爬跨他牛、站立不动、阴门充血肿胀并有黏液流出。发情初期黏液为乳白色或灰白色较黏稠，发情中期黏液量多色淡，发情后期黏液量少而混浊。

3.2.2.3 直肠检查：保定好母牛，检查人员手臂戴上一次性消毒塑料手套，五指并拢呈锥形插入母牛直肠，掏出宿粪，然后触摸子宫颈、子宫及卵巢，检查卵泡发育情况，对发情母牛直检、判定卵泡发育，排除生殖疾患、妊娠及妊娠后假发情。

3.2.2.4 阴道检查：用开膣器打开阴道，观察阴道黏膜和子宫颈口，发情母牛阴道黏膜潮红、子宫颈口张开，有黏液。

3.3 输精方法

3.3.1 解冻

3.3.1.1 将细管冻精从液氮罐迅速取出，将封闭端置于38～39℃的水杯中，水浴解冻10～15s后取出，拭去水珠。

3.3.1.2 尽快使用解冻好的冻精，在温度25～30℃条件下，30min内使用。

3.3.2 镜检

将细管封闭的一端剪去，剪口捏圆，挤一滴于载玻片上镜检精子活力，精子活力达到0.3以上。

3.3.3 装枪

将解冻后的细管冻精装入输精枪，套上塑料外套管。

3.3.4 输精

采用直把式输精法将精液输入子宫体。输精的关键要点是慢插、适深、轻注、缓出、防倒流。输精员手臂戴上一次性塑料手套，五指并拢呈锥形插入母牛直肠，掏出宿粪，然后把握子宫颈。另一只手持装有精液的输精枪，插入阴道后直至子宫颈深2～3cm。

3.3.5 消毒

输精后弃去外套管，对枪体用酒精棉球擦拭消毒后，用干净纱布包裹置于瓷盘。

3.3.6 登记

填写统一印制的肉牛冷配改良登记册，详见附录A。

4 母牛妊娠诊断

4.1 外部观察法

母牛配种后18～22d不再发情，且食欲大增、性情温和、毛色光亮、体重增加，则可能怀孕。

4.2 直肠检查法

与发情检查步骤相同，依据卵巢上黄体、子宫形态和质地、子宫动脉情况综合判断，应符合表1的规定。

表1 母牛怀孕各月份生殖器官变化情况

妊娠期	卵巢	子宫	子宫动脉
1月	孕角卵巢体积增大，黄体明显	角间沟仍明显，孕角稍粗，变软，内有液体感，收缩反应减弱或消失	
2月	孕角卵巢位置前移至骨盆腔入口前缘处	位于耻骨前下方，角间沟不清楚；孕角比空角粗一倍，子宫角软且有波动感	

（续表）

妊娠期	卵巢	子宫	子宫动脉
3月	孕角卵巢沉入腹腔，不易触及	子宫颈前移至耻骨前缘处，子宫孕角呈软圆袋状，垂入腹腔，波动感明显	
4月	两侧卵巢均沉入腹腔，不易触及	子宫颈移至耻骨前缘前方，子宫体增大，沉入腹腔底，不易触摸到，子宫壁薄，波动明显	孕侧子宫动脉出现妊娠脉博，但不明显
5月	两侧卵巢均沉入腹腔，不易触及	子宫体积和子叶都进一步增大，在骨盆入口前缘下方可摸到胎儿，子宫颈在耻骨前缘前下方	孕侧子宫动脉出现明显妊娠脉搏
6月	两侧卵巢均沉入腹腔，不易触及	因位置低，摸不到胎儿，子叶大如鸽蛋，子宫颈在腹腔内	空角侧子宫动脉有微弱妊娠脉搏
7月	两侧卵巢均沉入腹腔，不易触及	易摸到胎儿，子宫颈在腹腔	空角侧子宫动脉妊娠脉搏明显
8月	两侧卵巢均沉入腹腔，不易触及	子宫颈回至骨盆入口，子叶如鸡蛋大	孕角中动脉妊娠脉搏明显
9月	两侧卵巢均沉入腹腔，不易触及	子宫颈回到骨盆腔内	两侧子宫动脉妊娠脉搏明显

5　良种登记

采用贵州肉用母牛系谱表进行登记，详见附录B。

附录A
（规范性附录）
贵州肉牛改良登记表（册）

表A.1　贵州肉牛改良登记

________市________县________乡镇________村（点）

序号	母牛			第一次配种			第二次配种			第三次配种			备注
	品种	毛色	牛号	公牛号	品种	日期	公牛号	品种	日期	公牛号	品种	日期	

附录B
（规范性附录）
肉用母牛系谱

表B.1 肉用母牛系谱

______市______县______乡镇______村组______畜主（养殖场）______备注

<table>
<tr><td rowspan="3">牛只情况</td><td>牛号</td><td colspan="2"></td><td colspan="2">良种登记号</td><td colspan="2"></td><td>来源</td><td colspan="2"></td></tr>
<tr><td>品种</td><td colspan="2"></td><td colspan="2">出生日期</td><td colspan="2"></td><td>登记日期</td><td colspan="2"></td></tr>
<tr><td>毛色特征</td><td colspan="2"></td><td colspan="2">初生重</td><td colspan="2"></td><td>登记人</td><td colspan="2"></td></tr>
<tr><td rowspan="10">系谱</td><td>父牛号</td><td></td><td colspan="3"></td><td rowspan="10" colspan="5">照片</td></tr>
<tr><td>品种</td><td></td><td colspan="2">祖父牛号</td><td></td></tr>
<tr><td>出生日期</td><td></td><td colspan="2">品种</td><td></td></tr>
<tr><td>初生重</td><td></td><td colspan="2">祖母、牛号</td><td></td></tr>
<tr><td>断奶重</td><td></td><td colspan="2">品种</td><td></td></tr>
<tr><td>母牛号</td><td></td><td colspan="3"></td></tr>
<tr><td>品种</td><td></td><td colspan="2">外祖父牛号</td><td></td></tr>
<tr><td>出生日期</td><td></td><td colspan="2">品种</td><td></td></tr>
<tr><td>初生重</td><td></td><td colspan="2">外祖母牛号</td><td></td></tr>
<tr><td>断奶重</td><td></td><td colspan="2">品种</td><td></td></tr>
<tr><td rowspan="8">生长发育情况</td><td>项目</td><td>体重（kg）</td><td>体高（cm）</td><td>体斜长（cm）</td><td>胸围（cm）</td><td>管围（cm）</td><td>胸宽（cm）</td><td>尻宽（cm）</td><td>测量日期</td><td>备注</td></tr>
<tr><td>初生重</td><td></td><td></td><td></td><td></td><td></td><td></td><td></td><td></td><td></td></tr>
<tr><td>6月龄</td><td></td><td></td><td></td><td></td><td></td><td></td><td></td><td></td><td></td></tr>
<tr><td>12月龄</td><td></td><td></td><td></td><td></td><td></td><td></td><td></td><td></td><td></td></tr>
<tr><td>18月龄</td><td></td><td></td><td></td><td></td><td></td><td></td><td></td><td></td><td></td></tr>
<tr><td>24月龄</td><td></td><td></td><td></td><td></td><td></td><td></td><td></td><td></td><td></td></tr>
<tr><td>36月龄</td><td></td><td></td><td></td><td></td><td></td><td></td><td></td><td></td><td></td></tr>
<tr><td>成年</td><td></td><td></td><td></td><td></td><td></td><td></td><td></td><td></td><td></td></tr>
</table>

（续表）

	项目	胎次1	胎次2	胎次3	胎次4	胎次5	胎次6
妊娠情况	始配日期						
	始配月龄						
	配妊日期						
	配妊次数						
	公牛号						
	妊娠天数						
产犊情况	项目	胎次1	胎次2	胎次3	胎次4	胎次5	胎次6
	出生日期						
	性别						
	毛色						
	初生重						
	编号						
	健康情况						
	产犊情况						

ICS 65.020.30
B 43

DB52

贵　州　省　地　方　标　准

DB52/T 1257.11—2017

贵州肉牛生产技术规范
第11部分：生产管理

Technical specification for Guizhou beef cattle production
Part 11：Production and management

2017-12-08 发布　　2018-05-08 实施

贵州省质量技术监督局　发布

前　言

本标准按照GB/T 1.1—2009《标准化工作导则　第1部分：标准的结构和编写》给出的规则起草。

请注意本文件的某些内容可能涉及专利，本文件的发布机构不承担识别这些专利的责任。

本标准由贵州省畜牧兽医研究所提出。

本标准由贵州省农业委员会归口。

本标准起草单位：贵州省畜牧兽医研究所、贵州省标准化院。

本标准主要起草人：刘镜、何光中、孙元飞、周文章、徐龙鑫、张麟。

本标准为DB52/T 1257—2017的第11部分。

贵州肉牛生产技术规范
第11部分：生产管理

1　范围

本标准规定了贵州肉牛生产过程中的饲养管理、饲料使用、兽药使用、资料保存等。

本标准适用于贵州规模化肉牛养殖场的肉牛生产管理。

2　规范性引用文件

下列文件对于本文件的应用是必不可少的。凡是注日期的引用文件，仅所注日期的版本适用于本文件。凡是不注日期的引用文件，其最新版本（包括所有的修改单）适用于本文件。

NY 5027　无公害食品　畜禽饮用水水质

NY 5127　无公害食品　肉牛饲养饲料使用准则

3　饲养管理

3.1　牛场选址与布局

3.1.1　牛场选址应符合当地土地利用规划的要求。

3.1.2　牛场应建在地势干燥、排水良好、通风、易于组织防疫的地方。

3.1.3　牛场距离干线公路、铁路、城镇、居民区和公共场所0.5km以上，牛场周围1km以内无大型化工厂、采矿厂、皮革厂、肉品加工厂、屠宰厂或其他畜牧场等污染源。

3.1.4　牛场内的生活区、管理区、生产区、粪污处理区应分开。生产区要位于管理区主风向的下风或侧风向，隔离牛舍、粪污处理区和病、死牛处理区位于生产区主风向的下风或侧风向。

3.1.5　牛场内道路硬化、裸露地面绿化，净道和污道分开，互不交叉，保持整洁卫生。牛圈内垫料应定期消毒和更换，保持水槽、料槽及舍内用具洁净。牛场周围有围墙（围墙高>1.5m）或防疫沟（防疫沟宽>2.0m），并建立绿化隔离带。

3.1.6　牛舍布局符合分阶段饲养的要求。肉牛按年龄、体重、性别、强弱分群饲养，所有牛需打耳标。

3.1.7　牛舍设计应通风、采光良好，温度、湿度、气流、光照符合肉牛不同生长阶段要求，空气中有毒有害气体不超过规定含量。

3.1.8　生产区1km内禁止饲养其他经济用途动物，尤其是偶蹄目动物。

3.2 引种

3.2.1 购入种牛要在隔离场观察不少于30d，经兽医检查确定健康后，方可转入生产牛群。

3.2.2 严禁从疯牛病等高风险传染性疾病的国家或地区引进牛只、胚胎、精、卵。

3.2.3 引进肉牛必须具有动物检疫合格证明。

3.2.4 肉牛在装载、运输过程中禁止接触其他偶蹄动物，运输车辆在运输前后均应彻底清洗消毒。

3.3 饮水

3.3.1 饮水应符合NY 5027的有关规定。

3.3.2 饮水设备应定期清洗消毒。

3.3.3 禁止在肉牛的饮水中添加激素类药物。

3.4 灭鼠

投放鼠药需要放在器具内，定时、定点，并及时收集死鼠和剩余鼠药，并做无害化处理，确保安全。

3.5 病、死牛处理

3.5.1 牛场不应出售病牛、不明原因的死牛。

3.5.2 定点扑杀需要处置的病牛，并焚烧或深埋进行无害化处理。

3.5.3 隔离饲养、治疗有使用价值的病牛，病愈后归群。

3.6 废弃物处理

牛场废弃物须经堆积生物热处理、粪污干湿分离等方法处理。

4 饲料使用

4.1 饲料原料

4.1.1 具有该品种应有的色、嗅、味、组织形态特征，并无发霉、变质、结块及异味异嗅。

4.1.2 有毒有害物质及微生物允许量应符合NY 5127的要求。

4.1.3 含有饲料添加剂的应作相应的说明。

4.1.4 非蛋白氮提供的总氮含量应低于饲料中总氮含量的10%。

4.1.5 禁止使用除蛋、乳制品外的动物源性饲料。

4.1.6 禁止使用抗生素滤渣作肉牛饲料原料。

4.1.7 禁止在牛体内埋植或在饲料中添加镇静剂、激素类等违禁药物。

4.1.8 饲料原料及饲料安全卫生指标，见附录A表A.1。

4.2 饲料添加剂

4.2.1 无发霉、变质、结块，具有该品种应有的色、嗅、味、组织形态特征。

4.2.2 有害物质及微生物允许量应符合饲料及饲料添加剂卫生指标的要求，详见附录B

表B.1。

4.2.3　饲料中使用的各类饲料添加剂应是农业部允许使用的饲料添加剂品种目录中所规定的品种或取得产品批准文号的新饲料添加剂品种。

4.2.4　饲料中使用的各类饲料添加剂产品应是取得饲料添加剂产品生产许可证的企业生产的，具有批准文号的产品或取得产品进口登记证的境外饲料添加剂。

4.2.5　药物饲料添加剂的使用应按照肉牛饲养允许使用的饲料药物添加剂使用的规定执行，详见附录C表C.1。

4.2.6　使用药物饲料添加剂应按照NY 5127有关规定严格执行休药期。

4.2.7　饲料添加剂产品的使用应遵照产品标签所规定的用法、用量。

4.3　粗饲料、配合饲料、浓缩饲料、精料补充料和添加剂预混料

4.3.1　饲料色泽一致，无霉变、结块、异味。

4.3.2　肉牛配合饲料、浓缩饲料、精料补充料和添加剂预混料中禁止使用违禁药物。

4.3.3　产品成分应符合标签中所规定的含量。

4.3.4　使用时应遵照标签所规定的用法、用量。

5　兽药使用

5.1　建立严格的生物安全体系，防止肉牛发病和死亡，最大限度地减少化学药品和抗生素的使用。患病牛需经兽医诊断，对症下药，防止滥用药物，优先选用副作用小不产生组织残留的药物。

5.2　结合当地情况，优先使用疫苗预防肉牛疫病。

5.3　禁止使用酚类消毒剂。

5.4　允许在兽医指导下用兽用中药材、中药成方制剂预防和治疗肉牛疾病。

5.5　允许使用国家兽药管理部门批准的微生态制剂。

5.6　禁止使用未经国家行政管理部门批准的兽药或已经淘汰的兽药。

6　资料保存

6.1　每个牛群均应有完整的资料记录，所有记录应在清群后保存2年以上。

6.2　所有记录应准确、可靠、完整。

6.3　发情、配种、妊娠、流产、产犊和产后监护的繁殖记录。

6.4　哺乳、断奶、转群的生产记录。

6.5　种牛及育肥牛来源、牛号、主要生产性能及销售地记录。

6.6　饲料及各种添加剂来源、配方及消耗情况记录。

6.7　建立并保存肉牛免疫记录，患病肉牛的预防和治疗记录，预防或促生长混饲给药记录等。

附录A
（规范性附录）
饲料原料及饲料安全卫生指标

表A.1 饲料原料及饲料安全卫生指标

安全卫生指标项目	产品名称	指标	试验方法	备注
砷（以总砷计）的允许量（每千克产品中）（mg）	植物性饲料原料	≤5.0	GB/T 13079	不包括国家主管部门批准使用的有机砷制剂中的砷含量
	矿物性饲料原料	≤10.0		
	肉牛配合、浓缩饲料	≤10.0		
铅（以Pb计）的允许量（每千克产品中）（mg）	植物性饲料原料	≤8.0	GB/T 13080	
	矿物性饲料原料	≤25.0		
	肉牛配合、浓缩饲料	≤30.0		
氟（以F计）的允许量（每千克产品中）（mg）	植物性饲料原料	≤100	GB/T 13083	
	矿物性饲料原料	≤1 800		
	肉牛配合、浓缩饲料	≤50		
氰化物（以HCN计）的允许量（每千克产品中）（mg）	饲料原料	≤50	GB/T 13084	
	肉牛配合、浓缩饲料，精料补充料	≤60		
		≤0.04		
六六六的允许量（每千克产品中）（mg）	饲料原料	≤0.04	GB/T 13090	
	肉牛配合、浓缩饲料，精料补充料	≤0.04		
霉菌的允许量（每克产品中）（霉菌总数$\times 10^3$个）	饲料原料	<40	GB/T 13092	限量饲用：40～100 禁用：>100
	肉牛配合、浓缩饲料	<50		
黄曲霉毒素B_1的允许量（每千克产品中）（μg）	饲料原料	≤30	GB/T 17480或GB/T 8381	
	肉牛配合、浓缩饲料	≤80		

注：1.表中各行中所列的饲料原料不包括GB 13078中已列出的饲料。

2.所列允许量均为以干物质含量为88%的饲料为基础计算。

附录B
（规范性附录）
饲料及饲料添加剂卫生指标

表B.1　饲料及饲料添加剂卫生指标

卫生指标项目	产品名称	指标	试验方法	备注
砷（以总砷计）的允许量（每千克产品中）（mg）	石粉	≤2.0	GB/T 13079	不包括国家主管部门批准使用的有机砷制剂中的砷含量
	硫酸亚铁、硫酸镁			
	磷酸盐	≤20		
	沸石粉、膨润土、麦饭石	≤10		
	硫酸铜、硫酸锰、硫酸锌、碘化钾、碘酸钙、氯化钴	≤5.0		
	氧化锌	≤10.0		
铅（以Pb计）的允许量（每千克产品中）（mg）	奶牛、肉牛精料补充料	≤8		
	石粉	≤10		
	磷酸盐	≤30		
氟（以F计）的允许量（每千克产品中）（mg）	石粉	≤2 000	GB/T 13083	高氟饲料用HG 2636—1994中4.4条
	磷酸盐	≤1 800	HG 2636	
	牛（奶牛、肉牛）精料补充料	≤50		
霉菌的允许量（每千克产品中）（霉菌数×10³个）	玉米	<40	GB/T 13092	限量饲用：40～100 禁用：>100
	小麦麸、米糠			限量饲用：40～80 禁用：>80
	豆饼（粕）、棉籽饼（粕）、菜籽饼（粕）	<50		限量饲用：50～100 禁用：>100
	奶、肉牛精料补充料	<45		
黄曲霉毒素B_1允许量（每千克产品中）（μg）	玉米	≤50	GB/T 17480或GB/T 8381	
	花生饼（粕）、棉籽饼（粕）、菜籽饼（粕）			
	豆粕	≤30		
	肉牛精料补充料	≤50		

附录C
（规范性附录）
饲料药物添加剂使用规范

表C.1 饲料药物添加剂使用规范

品名	用量	休药期	其他注意事项
莫能菌素钠预混剂	每头每天200～360mg	5d	禁止与泰妙菌素、竹桃霉素并用；搅拌配料时禁止与人的皮肤、眼睛接触
杆菌肽锌预混剂	每吨饲料添加犊牛10～100g（3月龄以下）、4～40g（6月龄以下）	0d	
黄霉素预混剂	肉牛每头每天30～50mg	0d	
盐霉素钠预混剂	每吨饲料添加10～30g	5d	禁止与泰妙菌素、竹桃霉素并用
硫酸黏杆菌素预混剂	犊牛每吨饲料添加5～40g	7d	

注：1. 摘自中华人民共和国农业部公告第168号《饲料药物添加剂使用规范》。

2. 出口肉牛产品中药物饲料添加剂的使用按双方签订的合同进行。

3. 以上各添加剂的用量均以其有效成分计。

ICS 65.020.30
B 43

DB52

贵　州　省　地　方　标　准

DB52/T 1257.12—2017

贵州肉牛生产技术规范
第12部分：育肥

Technical specification for Guizhou beef cattle production
Part 12：Beef cattle fattening

2017-12-08 发布　　2018-05-08 实施

贵州省质量技术监督局　发布

前　言

本标准按照GB/T 1.1—2009《标准化工作导则　第1部分：标准的结构和编写》给出的规则起草。

请注意本文件的某些内容可能涉及专利，本文件的发布机构不承担识别这些专利的责任。

本标准由贵州省畜牧兽医研究所提出。

本标准由贵州省农业委员会归口。

本标准起草单位：贵州省畜牧兽医研究所、贵州省标准化院。

本标准主要起草人：刘镜、何光中、孙元飞、周文章、徐龙鑫、罗治华。

本标准为DB52/T 1257—2017的第12部分。

贵州肉牛生产技术规范
第12部分：育肥

1　范围

本标准规定了贵州肉牛育肥的基本要求、饲养管理、适时出栏。

本标准适用于贵州肉牛及其杂交牛的肉牛育肥生产。

2　规范性引用文件

下列文件对于本文件的应用是必不可少的。凡是注日期的引用文件，仅所注日期的版本适用于本文件。凡是不注日期的引用文件，其最新版本（包括所有的修改单）适用于本文件。

NY 5027　无公害食品　畜禽饮用水水质

NY 5030　无公害食品　兽药使用准则

NY 5126　无公害食品　肉牛饲养兽医防疫准则

NY 5128　无公害食品　肉牛饲养管理准则

3　术语和定义

下列术语和定义适用于本文件。

3.1

肉牛育肥

通过直线育肥或架子牛育肥方法的，一般出栏月龄18～24个月，体重500kg以上、膘情中等以上的育肥牛（育肥牛膘情评定见附录A）。

4　基本要求

4.1　环境要求

4.1.1　牛场环境场址、布局设计、牛舍建设、卫生条件和环境消毒应符合NY/T 5128要求。

4.1.2　牛舍湿度控制在70%～75%，牛舍风速控制在0.3m/s。

4.1.3　牛舍温度保持在10～30℃，注意通风换气。

4.2　投入品要求

4.2.1　饲料、饲料原料、饲料添加剂的选择和使用应符合NY/T 5128要求。

4.2.2　饮水应符合NY 5027要求。

4.2.3　兽药使用符合NY 5030要求。

4.3　品种要求

选择贵州本地牛或其杂交牛的架子牛，入栏月龄为6～12月龄，体重150kg以上，健康状况良好。

4.4　防疫要求

牛场防疫应符合NY 5126要求。

4.5　记录要求

架子牛入舍后进行编号、建立档案并打耳标。生产记录应符合NY/T 5128要求。

5　饲养管理

5.1　育肥方法

5.1.1　分类

育肥方法划分为直线育肥与架子牛育肥。

5.1.2　直线育肥

5.1.2.1　犊牛6月龄后进入育肥阶段。育肥阶段遵循“能量浓度递增、蛋白质浓度递减”的原则。

5.1.2.2　饲喂粗饲料量占体重1%～3%，具体根据肉牛生产目标，结合饲料种类、精料饲喂量、营养价值计算粗饲料饲喂量，应尽量满足肉牛粗饲料的采食量，精料与玉米投喂比例，见表1。

表1　精料与玉米投喂比例

育肥体重（kg）	精料比例（占体重%）	玉米比例（占精料%）
200～250	0.8～1.0	45～50
250～400	1.0～1.2	50～55
>400	1.2～1.4	55～65

5.1.3　架子牛育肥

5.1.3.1　准备期：选择健康无病、体况良好的架子牛，按免疫规定注射疫苗后观察15～20d，免疫反应良好的架子牛方可运输。牛只运输尽量选择早晚。架子牛按体重、月龄相近原则组群，入圈舍2h后给水，饮水中添加多维、多糖增强免疫力，饮水后饲喂粗饲料，不喂精料。3d后开始喂少量精料，5d后驱虫健胃。

5.1.3.2　过渡期：架子牛驱虫健胃后，开始进入育肥前的过渡期，一般为15～20d，以饲喂粗饲料为主，精料补充料适量添加。

5.1.3.3　育肥期：过渡期结束后，对架子牛进行短期快速育肥，育肥时间5～8个月，日粮配比及饲喂参照直线育肥。

5.2　管理

5.2.1　分阶段管理

依据牛生长规律和生产目标，将育肥期分为育肥前期和育肥后期。育肥前期牛只的体重一般在350kg以下；育肥后期牛只的体重一般在350kg以上，具体划分见附录B。

5.2.2　育肥前期

先喂精料补充料，牛全部采食后，再自由采食粗饲料；日喂料2～3次，自由饮水。

5.2.3　育肥后期

该阶段精料饲喂比例逐渐增加；注意牛粪的形状，当发现牛粪变稀时降低精料比例。

5.3　主要营养供应

根据育肥目标，按国家肉牛饲养标准提供主要的营养供给。

6　适时出栏

用于生产中高档牛肉的肉牛一般育肥5～10个月，膘情中等、体重在430kg以上时出栏。用于生产中高档雪花牛肉的肉牛一般育肥10～16个月，膘情上等、体重500kg以上时出栏。

附录A
（规范性附录）
育肥牛膘情评定标准

表A.1　育肥牛膘情评定标准

等级	评定标准
上	肋骨、脊骨和腰椎横突起均不显现，腰角与臀端部很丰满，呈圆形，全身肌肉很发达，肋部丰圆，腿肉充实，并明显向外突出和向后部伸延，背部平宽而厚实，尾根两侧可以看到明显的脂肪突起，前胸丰满，圆而大；触摸牛背部、腰部时感到厚实，柔软有弹性。
中上	肋骨、腰椎横突起不明显；腰角、臀端部圆而不很丰满，全身肌肉较发达，腿部肉充实，但突出程度不明显；肋部较丰满。
中	肋骨不甚明显，脊骨可见但不明显，全身肌肉中等，尻部肌肉较多，腰角周围弹性较差。
中下	肋骨、脊骨明显可见，尻部如屋脊状，但不塌陷，腿部肌肉发育较差，腰角、臀端突出。
下	各部关节完全暴露，尻部凹陷，尻部、后腿部肌肉发育均很差。

附录B
（规范性附录）
育肥牛生长阶段划分

表B.1　育肥牛生长阶段划分

阶段	起始月龄（月）	始重（kg）	结束月龄（月）	目标体重（kg）	目标日增重（kg）
育肥前期	6～12	150	15～18	430	0.8～1.3
育肥后期	15～18	430	18～30	500以上	0.5～0.8

ICS 65.020.30
B 43

DB52

贵　州　省　地　方　标　准

DB52/T 1257.13—2017

贵州肉牛生产技术规范
第13部分：规模化肉牛养殖场用药

Technical specification for Guizhou beef cattle production
Part 13：Medication of scale beef cattle farms

2017-12-08 发布　　2018-05-08 实施

贵州省质量技术监督局　发布

前　言

本标准按照GB/T 1.1—2009《标准化工作导则　第1部分：标准的结构和编写》给出的规则起草。

请注意本文件的某些内容可能涉及专利，本文件的发布机构不承担识别这些专利的责任。

本标准由贵州省畜牧兽医研究所提出。

本标准由贵州省农业委员会归口。

本标准起草单位：贵州省畜牧兽医研究所、贵州省标准化院。

本标准主要起草人：刘镜、何光中、张正群、孙元飞、余波、谭尚琴、徐龙鑫。

本标准为DB52/T 1257—2017的第13部分。

贵州肉牛生产技术规范
第13部分：规模化肉牛养殖场用药

1 范围

本标准规定了规模化肉牛养殖场用药的相关术语和定义、兽医人员与培训、规章制度、采购与验收、入库与贮存、用药、不良反应报告制度、自检、档案。

本标准适用于规模化肉牛养殖场的用药技术管理。

2 术语和定义

下列术语和定义适用于本文件。

2.1

兽药

用于预防、治疗、诊断动物疾病或者有目的地调节动物生理机能的物质（含药物饲料添加剂），包括血清制品、疫苗、诊断制品、微生态制品、中药材、中成药、化学药品、抗生素、生化药品、放射性药品及外用杀虫剂、消毒剂等。

2.2

兽用生物制品

以天然或人工改造的微生物、寄生虫、生物毒素、生物组织及代谢产物等为材料，采用生物学、分子生物学或者生物化学、生物工程等相应技术制成的，用于预防、治疗、诊断动物疫病或者改变动物生产性能的兽药。

2.3

兽用处方药

凭兽医处方笺方可购买和使用的兽药。

2.4

批准证明文件

兽药产品批准文号、进口兽药注册证书、允许进口兽用生物制品证明文件、出口兽药证明文件、新兽药注册证书等文件。

2.5

休药期

动物最后一次给药至许可屠宰或其产品（肉、蛋、奶等）许可上市的间隔时间。

2.6

不良反应

兽药在按规定用法用量正常使用的过程中产生的与用药目的无关或意外有害的反应。

2.7

自检

畜禽养殖场按照本规范对用药管理要素进行检查，并作出是否符合规定的判断。

3　兽医人员与培训

3.1　应有专职兽药管理人员。畜禽养殖场主要负责人、兽药管理人员、兽医等人员应当熟悉兽药管理法律法规及政策规定，具备兽药、兽医专业知识。

3.2　应定期对职工进行养殖用药、畜产品安全知识等培训。

4　规章制度

4.1　畜禽养殖场应当建立以下制度：

a）兽药采购、验收、贮存管理制度；

b）用药、休药期管理制度；

c）用药不良反应报告制度；

d）不合格兽药和退货兽药管理制度；

e）兽药清理自查制度；

f）禁用限用药物管理制度；

g）自检制度。

4.2　畜禽养殖场应当建立以下记录：

a）兽药采购、验收、贮存等记录；

b）用药记录；

c）用药不良反应记录；

d）不合格兽药和退货兽药的处理记录；

e）兽药清理自查记录；

f）自检记录。

5　采购和验收

5.1　采购

5.1.1　畜禽养殖场应当采购合法兽药产品。应对供货单位的资质、质量保证能力、质量信誉和产品批准证明文件进行审核，并与供货单位签订采购合同或留存采购凭证。购进兽药时，应当依照国家兽药管理规定、兽药标准和合同约定，对每批兽药的包装、标签、说明书、质量合格证等内容进行检查，符合要求的方可购进。

5.1.2 采购兽药应当保存采购合同、采购凭证，采购兽用处方药的应当保存执业兽医开具的处方，建立真实、完整的采购记录，做到有效凭证、账、货相符。

5.1.3 采购验收记录载明兽药通用名称、商品名称、批准文号、批号、剂型、规格、有效期、生产单位、供货单位、购入数量、购入日期、经手人、验收人或者负责人等内容。

5.2 验收

5.2.1 普通兽药的验收

应当查验兽药生产企业资质证明文件和兽药产品批准证明文件，包括兽药生产许可证、兽药产品批准文号批件、兽药标签和说明书批件、进口兽药注册证书等文件，并在采购验收记录上签字。

5.2.2 兽用生物制品的验收

除上款文件外，还应当查验允许进口兽用生物制品证明文件、兽用生物制品批签发证明文件，并在采购验收记录上签字。

6 入库与贮存

6.1 入库

兽药入库时，应检查验收，做好记录。

a）与进货单不符；

b）内、外包装破损可能影响产品质量；

c）没有标识或者标识模糊不清；

d）质量异常。

6.2 贮存

6.2.1 贮存要求

6.2.1.1 兽药贮存条件应符合要求。具有固定的常温库、阴凉库、冷库等相关设施、设备，保证兽药质量；并与生活区、养殖区独立设置，避免交叉污染。仓库的地面、墙壁、顶棚等平整、光洁，门窗严密、易清洁。

6.2.1.2 按照品种、类别、用途以及温度、湿度等贮存要求，分类、分区、专柜存放；温度见附录A。

6.2.1.3 按照兽药外包装图的要求搬运和存放。

6.2.1.4 与仓库地面、墙、顶等之间保持一定间距，保证消防通道的畅通。

6.2.1.5 内用兽药与外用兽药分开存放，兽用处方药与非处方药分开存放；易串味兽药等特殊兽药与其他兽药分库存放。

6.2.1.6 不同区域、不同类型的兽药应当具有明显的识别标识。标识应当放置准确、字迹清楚。

6.2.1.7 应定期对兽药及其贮存的条件和设施、设备的运行状态进行检查，并做好记录。

7 用药

7.1 遵守国务院兽医行政管理部门制定的兽药安全使用规定，建立用药记录。

7.2 严格按照产品标签、说明书的内容在执业兽医指导下合理用药，遵守《食品动物禁用的兽药及其化合物清单》等有关规定合法用药。

7.3 禁止使用假、劣兽药及国务院兽医行政管理部门规定禁止使用的药品或其他化合物。

7.4 禁止在饲料和饮用水中添加激素类药品和国务院兽医行政管理部门规定的其他禁用药品，禁止使用原料药。

7.5 禁止将人用药品用于动物。

7.6 使用国务院兽医行政管理部门规定实行处方药管理的兽药，需经兽医开具药方。

7.7 用药记录应载明兽药的通用名称、商品名称、批准文号、批号、剂型、规格、有效期、生产企业、用药日期、用药数量、休药期、兽医、负责人等内容。

8 不良反应报告

应严格执行不良反应报告制度，收集兽药使用信息，发现可能与兽药使用有关的严重不良反应，应立即向所在地人民政府兽医行政管理部门报告。

9 自检

严格执行自检制度，定期开展自检工作。对发现的问题及时进行整改并复查。

10 档案

10.1 建立质量管理档案，专人负责档案管理室。

10.2 质量管理档案包括下列内容：人员档案、设备设施档案、供应商质量评估档案等；兽医处方笺、购药凭证、合同等；兽药采购验收记录、用药记录及其他各项记录；兽医行政管理部门的监督检查记录。

10.3 质量管理档案保存期限不得少于2年。

附录A
（规范性附录）
常见传染性疾病防治技术

A.1 温度

A.1.1 常温

10～30℃；室温：15～25℃。

A.1.2 阴凉处

不超过20℃。

A.1.3 凉暗处

避光并不超过20℃。

A.1.4 冷藏

2～8℃。

A.1.5 冷冻

除另有规定外，-15℃以下。

ICS 65.020.30
B 43

DB52

贵　州　省　地　方　标　准

DB52/T 1257.14—2017

贵州肉牛生产技术规范
第14部分：屠宰检疫

Technical specification for Guizhou beef cattle production
Part 14: Slaughter and quarantine

2017-12-08 发布　　2018-05-08 实施

贵州省质量技术监督局　发布

前　言

本标准按照GB/T 1.1—2009《标准化工作导则　第1部分：标准的结构和编写》给出的规则起草。

请注意本文件的某些内容可能涉及专利，本文件的发布机构不承担识别这些专利的责任。

本标准由贵州省畜牧兽医研究所提出。

本标准由贵州省农业委员会归口。

本标准起草单位：贵州省畜牧兽医研究所、贵州省标准化院。

本标准主要起草人：徐龙鑫、何光中、刘镜、孙元飞、张正群、周文章、张麟、龙玲。

本标准为DB52/T 1257—2017的第14部分。

贵州肉牛生产技术规范
第14部分：屠宰检疫

1　范围

本标准规定了贵州肉牛屠宰检疫的术语和定义、屠宰厂（点）、宰前检疫、宰后检疫及检疫管理。

本标准适用于贵州肉牛屠宰过程中的检疫及处理。

2　规范性引用文件

下列文件对于本文件的应用是必不可少的。凡是注日期的引用文件，仅所注日期的版本适用于本文件。凡是不注日期的引用文件，其最新版本（包括所有的修改单）适用于本文件。

GB/T 16569　畜禽产品消毒规范

3　术语和定义

下列术语和定义适用于本文件。

3.1

牛胴体

肉牛经屠宰后，去头、蹄、尾、皮、血、内脏，但保留肾及肾周脂肪的重量。

3.2

急宰

确认为无碍肉食卫生的普通病症状、物理性损伤，以及一、二类疫病以外而有死亡危险时，可随即签发急宰证书送往屠宰。

3.3

同步检疫

与屠宰操作相对应，对同一头牛的头、蹄、内脏、胴体等统一编号进行现场检疫。

3.4

无害化处理

用物理、化学等方法处理病死动物尸体及相关动物产品，消灭其所携带的病原体，消除动物尸体危害的过程。

4 屠宰厂（点）

4.1 选址

远离居民区、水源、养殖场以及牲口交易市场，距离养殖场、牲口交易市场1 000m以上，符合动物防疫的其他要求。

4.2 布局

厂（点）区内道路硬化，出入口设消毒池，净道和污道分设。

4.3 实施设备

4.3.1 具备采光、通风良好的待宰车间、急宰车间和隔离车间。

4.3.2 具备用于病害肉牛及其产品销毁的设备。

4.3.3 具备与屠宰规模相当的污水、污物、粪便生物安全处理的设施。

4.3.4 具备用于清洗肉牛、肉牛产品运载工具和专用容器的清洗消毒设备。

4.4 人员要求

屠宰厂（点）需配置通过健康卫生检查的专职防疫消毒人员、屠宰管理人员、屠宰操作人员，且经过动物防疫知识培训。

4.5 生产技术要求

4.5.1 禁止收购、屠宰、加工未经检疫的、无检疫合格证明、耳标的肉牛。

4.5.2 已经入场的肉牛，未经驻场动物检疫员许可，不得擅自出场。

4.5.3 按照GB 16569畜禽产品消毒规范的规定做好日常清洁卫生以及消毒工作。

4.6 其他要求

4.6.1 动物卫生监督机构应派出动物检疫员驻场检疫。

4.6.2 具备器械柜、操作台、消毒器具等设施。

4.6.3 具备应急照明灯、显微镜以及用于染色、采样、样品保存、快速检验的设备。

4.6.4 具备刀、钩、锉、剪刀、瓷盘、骨钳、放大镜、测温仪、体温计、听诊器、废弃物专用容器等现场检疫器具。

4.6.5 宰后检疫区光照度不低于220lx，检疫点光照度不低于540lx。

5 宰前检疫

5.1 查证验物

5.1.1 查收《动物产地检疫合格证明》《动物及动物产品运载工具消毒证明》。

5.1.2 检查肉牛耳标和头数，应与《动物检疫合格证明》相符。

5.2 检查结果处理

5.2.1 经查证验物符合要求的肉牛，准予入场进入待宰车间。

5.2.2 发现疑似染疫、证物不符、无耳标、检疫证明逾期、涂改伪造检疫证明、使用违禁药物、中毒等状况的肉牛，禁止入场，按相关规定处理。

5.2.3 经宰前检疫，符合急宰条件的肉牛，在急宰间进行急宰。

6 宰后检疫

6.1 头部检查

视检眼、唇、鼻镜、齿龈、口腔、舌面、上下颌骨、咽喉黏膜和扁桃体；触检舌体；剖检舌肌（沿舌系带纵向剖开）和两侧咬肌，观察有无寄生虫。

6.2 内脏检查

6.2.1 心脏

视检其色泽、形态、有无出血及其他病变；必要时剖检左右心室、心房，观察心内膜、瓣膜、心肌切面有无出血点，心脏内血液凝固情况。

6.2.2 肝脏

视检其外表、色泽、大小，触检其弹性和硬度，注意大小、色泽、表面损伤、胆管状态，有无炎症和寄生虫。

6.2.3 脾脏

视检其形状、色泽、大小、弹性，有无肿胀、结节、出血、充血、淤血等变化。

6.2.4 肺脏

视检其色泽、形态，有无充血、出血、气肿、钙化灶；剖检支气管、纵隔淋巴结。检查有无寄生虫及炎症变化。

6.2.5 肾脏

视检其色泽、形态、大小、有无点状出血、肿胀，必要时纵向剖检肾实质。

6.2.6 胃肠

视检胃肠浆膜、肠系膜，剖检肠系膜淋巴结，注意其色泽、结核病和寄生虫病。

6.2.7 生殖系统

视检子宫、睾丸、乳房有无布鲁氏菌病、结核、放线菌肿和化脓性乳房炎等。

6.3 胴体检查

6.3.1 观察放血程度及色泽，视检胴体表面的皮下组织、脂肪、肌肉、腹膜、关节等有无异常。注意检查胸腹膜上有无结核结节。

6.3.2 剖检两侧腰肌和膈肌，注意有无囊尾蚴寄生虫。

6.3.3 剖检颈浅背淋巴结、膝上淋巴结、腹股沟淋巴结，必要时增检颈深淋巴结和腘淋巴结，观察其有无病理变化。

6.4 腺体摘除

在检疫过程中，应摘除甲状腺、肾上腺、病变淋巴结等有毒有害腺体。

6.5 检查结果处理

6.5.1 检疫合格的，由动物检疫员在胴体上加盖统一的检疫合格验讫印章，签发《动物产品检疫合格证明》。

6.5.2 检疫不合格的，由官方兽医出具《动物检疫处理通知单》，并采取下列措施：

a）发现患有口蹄疫、牛传染性胸膜肺炎、炭疽等疫病时，按照本标准5.2.3和有关规定处理；

b）怀疑患有本标准规定疫病及临床检查发现其他异常情况的，按照相应疫病防治技术规范进行实验室检测，并出具检测报告。实验室检测须由省级动物卫生监督机构指定的具有资质的实验室承担；

c）发现患有其他疫病，监督厂（点）方对病牛酮体及副产品进行无害化处理，对污染场所、器具等按规定实施消毒，并做好《生物安全处理记录》。

7 检疫管理

7.1 动物防疫检疫法律法规、制度、操作程序、监督电话上墙。

7.2 动物检疫员对检疫结果及处理情况应做出完整记录，并保存2年以上。

ICS 67.120.10
CCS B 01

DB52

贵 州 省 地 方 标 准

DB52/T 1831—2024

牛肉质量关键控制点追溯信息采集指南

Beef quality critical control point traceability information collection guide

2024-06-14 发布　　2024-10-01 实施

贵州省市场监督管理局　发布

前 言

本文件按照GB/T 1.1—2020《标准化工作导则　第1部分：标准化文件的结构和起草规则》的规定起草。

请注意本文件的某些内容可能涉及专利，本文件的发布机构不承担识别这些专利的责任。

本文件由贵州省畜禽遗传资源管理站提出。

本文件由贵州省农业农村厅归口。

本文件起草单位：贵州省畜禽遗传资源管理站、贵州省草地技术试验推广站、黔南州养殖业发展中心、黔东南州饲草饲料站、黔西市畜牧渔业技术服务中心、贵定县养殖业发展中心、贵州省动物疫病预防控制中心、贵州省畜牧兽医研究所、贵州省种畜禽种质测定中心。

本文件主要起草人：王松、翁吉梅、朱欣、龙金梅、唐文汉、赵伟、廖志会、张明均、张双翔、杨丰、李晨、申李、李龙兴、吴小敏、陈秀华、罗玉洁、岳筠、杨林花、粟绍媛、杨波、周文章、吴玙彤、王燕、谢玲玲、龚俞。

牛肉质量关键控制点追溯信息采集指南

1 范围

本文件规定了牛肉质量关键控制点追溯信息采集的目标、系统组成、流程、要求和方法等。

本文件适用于全产业链生产的肉牛企业。

2 规范性引用文件

下列文件中的内容通过文中的规范性引用而构成本文件必不可少的条款。其中，注日期的引用文件，仅该日期对应的版本适用于本文件；不注日期的引用文件，其最新版本（包括所有的修改单）适用于本文件。

GB/T 38155 重要产品追溯 追溯术语

3 术语和定义

GB/T 38155 界定的术语和定义适用于本文件。

3.1

采集

对影响牛肉质量关键控制点信息选取的过程。

4 追溯目标

消费者扫描牛肉产品包装溯源二维码可查询到养殖、屠宰、分割、流通、销售等环节影响牛肉质量的关键信息，达到生产可记录、数据可查询、流向可追踪和责任可追究的牛肉质量追溯管理目的。

5 系统组成

牛肉质量追溯系统由信息采集系统、追溯码、读写器、厂商数据库、追溯公共服务平台和独立查询终端组成，见图1。

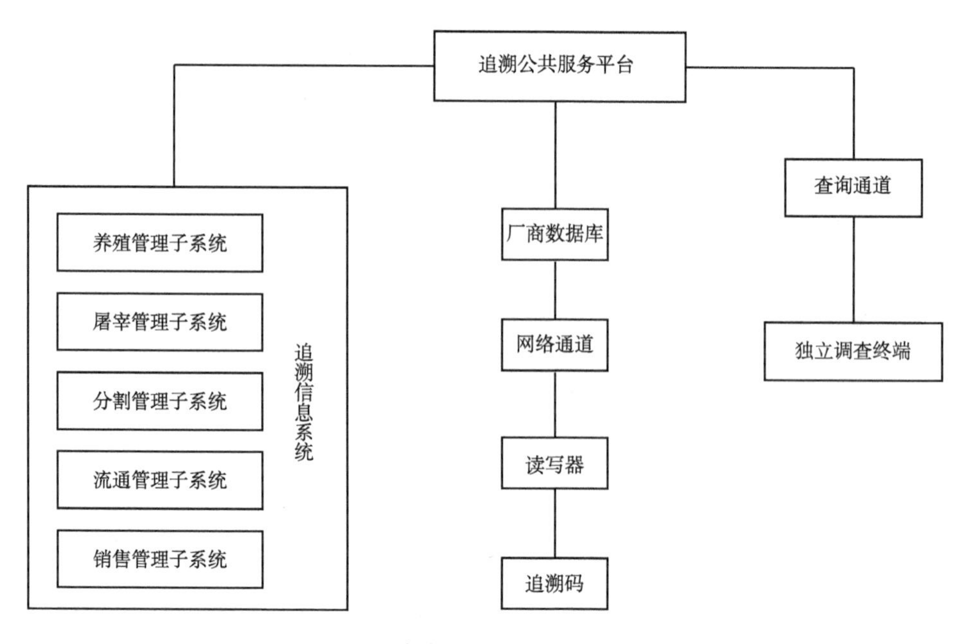

图1 牛肉质量追溯系统组成

6 采集流程

6.1 养殖环节

养殖环节追溯信息采集流程见图2。

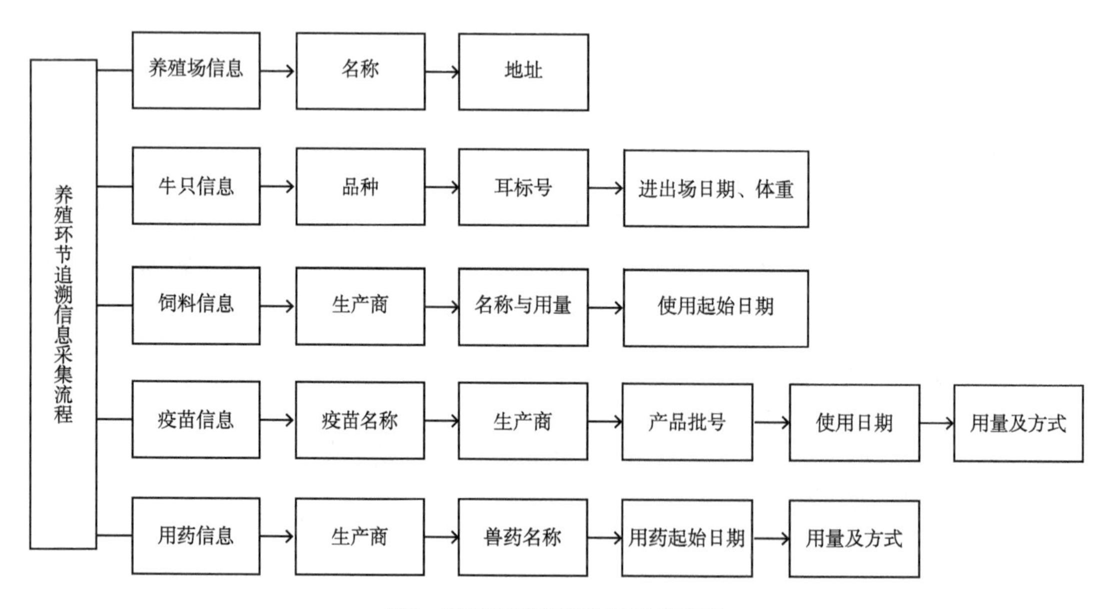

图2 养殖环节追溯信息采集流程

6.2 屠宰环节

屠宰环节追溯信息采集流程见图3。

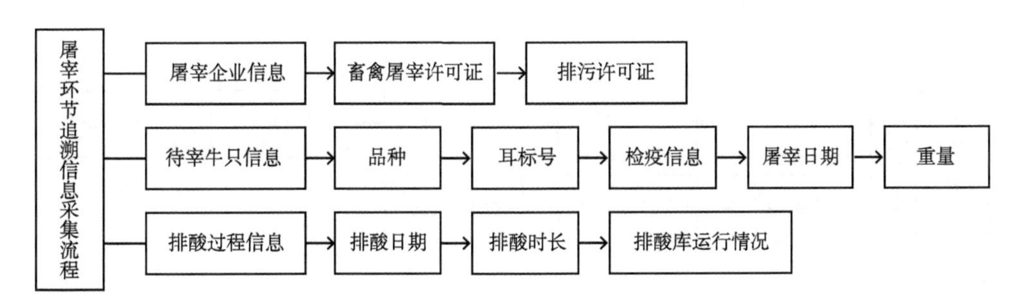

图3 屠宰环节追溯信息采集流程

6.3 分割环节

分割环节追溯信息采集流程见图4。

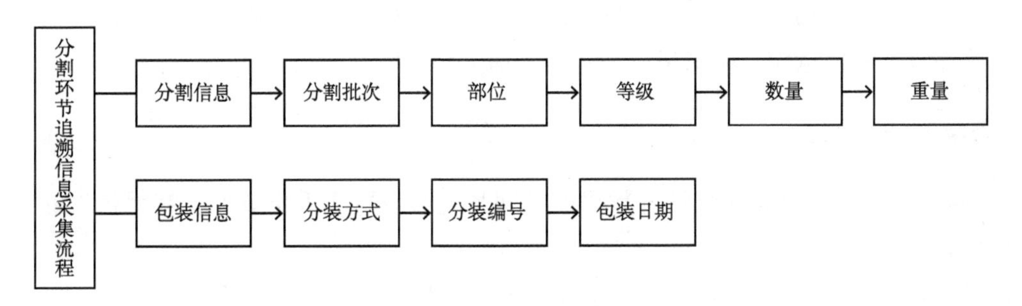

图4 分割环节追溯信息采集流程

6.4 流通环节

流通环节追溯信息采集流程见图5。

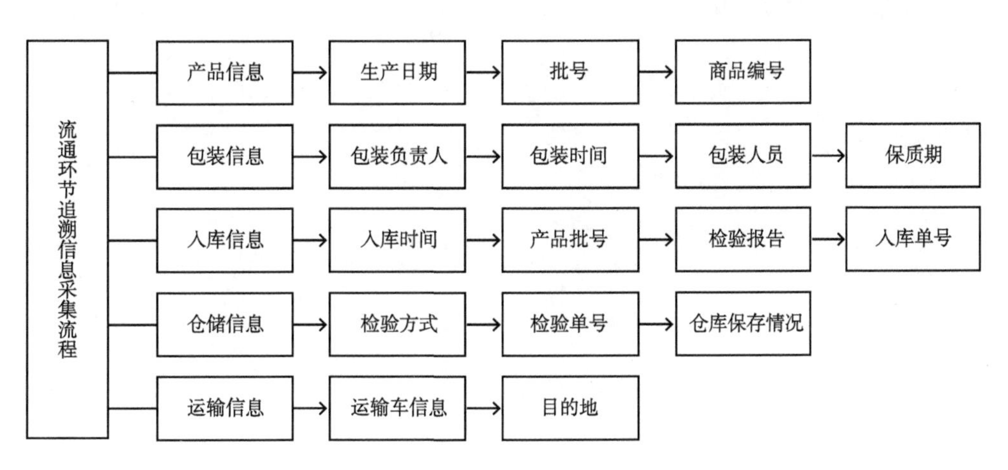

图5 流通环节追溯信息采集流程

6.5 销售环节

销售环节追溯信息采集流程见图6。

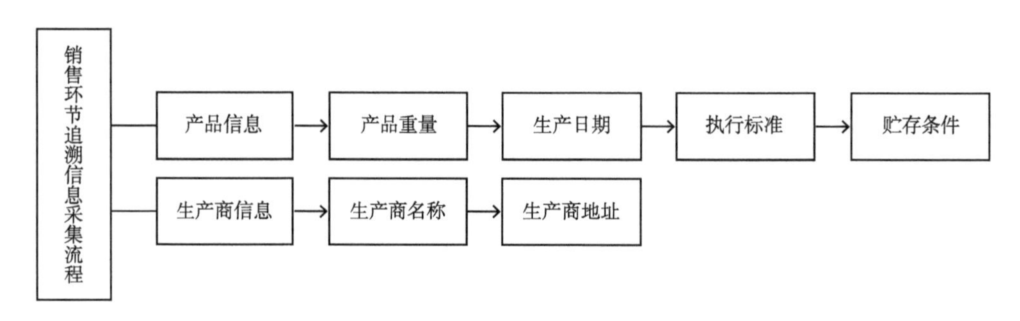

图6 销售环节追溯信息采集流程

7 采集人员

养殖、屠宰、分割、流通、销售等环节数据采集工作应由从事相应工作的人员负责，各环节追溯信息应全部采集，采集后立即上传系统。

8 采集方法

8.1 养殖、屠宰、流通环节信息数据库管理系统可设置成手机软件，在手机端完成信息采集。

8.2 分割环节的信息可由生产线智能称重设备采集。

8.3 销售环节的信息可由手持式数据采集器采集。

8.4 通过肉牛养殖过程信息数据库管理系统将牛只全生命周期信息进行记录，以电子耳标号做唯一标识，再关联屠宰系统中屠宰过程数据，形成完整的溯源数据链，最后生成溯源二维码打印于每一块出厂牛肉的标签上。

关岭牛（公）

思南牛（公）

威宁黄牛（公）

务川黑牛（公）

黎平牛（公）

规模化牛舍垫床

山地传统牛舍

山地典型牛舍

山地规模化牛舍

皇竹草加工

收割草料

关岭草场放牧

山地放牧肉牛

林下草地

草料加工

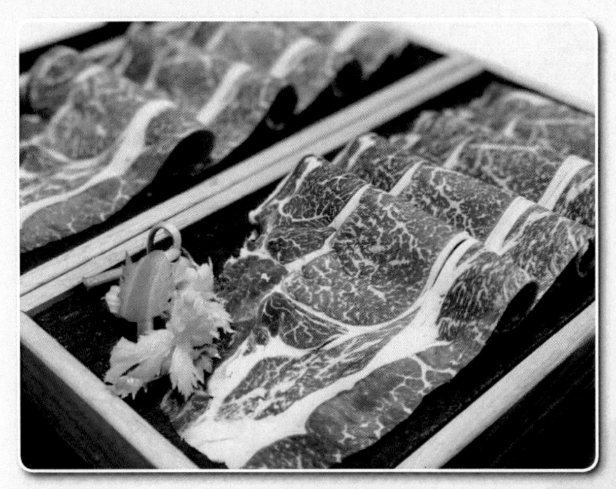

贵州黄牛肥牛片

贵州黄牛肥牛卷

贵州黄牛生鲜肉

贵州黄牛雪花牛肉

黄牛肉产品